发现科学世界丛书

神奇的动物世界

李笑群　编著

吉林人民出版社

图书在版编目（CIP）数据

神奇的动物世界 / 李笑群编著. —— 长春：吉林人
民出版社，2012.4
　　（发现科学世界丛书）
　　ISBN 978-7-206-08771-4

　　Ⅰ.①神… Ⅱ.①李… Ⅲ.①动物—青年读物②动物
—少年读物 Ⅳ.①Q95-49

　　中国版本图书馆CIP数据核字(2012)第068511号

神奇的动物世界

SHENQI DE DONGWU SHIJIE

编　　著：李笑群
责任编辑：关亦淳　　　　　　封面设计：七　洱
吉林人民出版社出版 发行（长春市人民大街7548号　邮政编码：130022）
印　　刷：北京一鑫印务有限责任公司
开　　本：670mm×950mm　　1/16
印　　张：13　　　　　　　　字　　数：207千字
标准书号：ISBN 978-7-206-08771-4
版　　次：2012年4月第1版　　印　　次：2021年8月第2次印刷
定　　价：45.00元

目录

目录 CONTENT

2

目录
CONTENT 4

万兽之王——老虎

老虎，承体形与力量所赐，位居食物链顶端的猎食者，几乎没有天敌，吼声可传至两公里远，是丛林中最令动物们闻风丧胆的"万兽之王"。老虎的体毛颜色有浅黄、橘红色不等。它们巨大的身体上覆盖着黑色或深棕色的横向条纹，一直延伸到胸腹部。腹部毛色很浅，一般为乳白色。头骨滚圆，脸颊四周环绕着一圈较长的颊毛，这使它们看起来威风凛凛，很有王者风范。

老虎属大型猫科动物，目前存活的老虎有5个亚种，分别是印度的孟加拉虎、印尼苏门答腊岛省的苏门答腊虎、东南大陆的印支虎、我国黑龙江省的东北虎和长江中下游的华南虎。

老虎有高超的捕猎本领，它最精良的攻击武器就是粗壮的牙齿和可伸缩的利爪。捕食时异常凶猛、迅速而果断，以消耗最小的能量来获取最大的收获为原则。但捕食猛兽时，若没有足够的把握绝对不干。它通常捕食大型哺乳动物，包括各种野鹿、野羊、野猪等，有时也捕捉像鸟类、猴子等小动物，甚至连昆虫和浆果也吃，它们脚上生有很厚的肉垫，在行动时声响很小，机警隐蔽，在雪地上行走时，后脚能准确地踩在前脚的足迹上。它的舌面有刺，如同钢锉，很容易将骨头上的肉舔得干干净净。老虎的这些特殊本领与特征，更使它显得野蛮与兽性。

老虎的跳跃能力很强，一跳约5—7米远，2米高，并且有自己独特的攻击方式。当它遇到猎物时，就会潜伏下来，并且寻找掩护，慢慢接近，等到猎物走到攻击距离内，就突然地跃出，攻击其背部，这是为了避免遭到猎物反抗伤到自己。老虎先用爪子抓穿猎物的背部并且把它拖倒在地，再用锐利的犬齿紧咬住猎物的咽喉使其窒息，不然就是咬断颈椎直到猎物死亡才松口。

老虎游泳的技术也很好，因此十分热爱游水，特别喜欢在水塘嬉戏、洗澡。每当炎炎夏日来临之时，老虎就会到河里"冲凉"。

它们总是先慢慢地蹲伏下来，然后用自己那又长又硬的尾巴浸入水中，靠尾巴向背部洒水。它们不喜欢炎热的天气，因为它们缺少汗腺，夏季到来之后总会四处找树荫躲着，或靠洗澡的方式降温。不过它们的爬树本领就远比不上游泳技能了，估计这是体形太大所致。

老虎很会界定自己的势力范围，它们喜欢各自占山为王，有着王者的霸气。如果有其他动物入侵，就会遭到攻击。一般每只老虎的地盘可达30—70平方千米，当雄虎和雌虎巡视领地时，会举起尾巴将有强烈气味的分泌物和尿液喷在树干上或灌木丛中，或者用锐利的爪在树干上抓出痕迹，以界定自己的势力范围。

老虎虽是捕猎能手，但捕捉猎物时往往会失手，由此可见，在自然条件下，老虎并不会导致猎物绝种，更不会对猎物的群落数量造成任何重要的影响。然而，随着人类不断破坏老虎的栖息地、砍伐及烧毁植物、捕杀老虎赖以生存的动物，老虎的存活逐渐备受威胁。近年来，老虎的数量在急剧减少，生活在我国的东北虎、孟加拉虎，已到了濒危的程度。随着世界上虎的不断减少，全球保护虎的呼声日益高涨。

为了挽救华南虎，1995年中国动物协会还专门成立了华南虎协调委员会，统一协调华南虎的救助工作，把我国目前动物园圈养的30多头华南虎纳入我国《21世纪议程》《中国生物多样性保护行动计划》。1996年世界自然保护联盟动物繁殖专家组来我国，对上海、重庆、苏州等动物园的华南虎现状做了详细调查，共同采取人工复壮措施。只要全社会都增强生态意识，加上有关部门投入相应的人力、资金等，挽救老虎的这一珍贵物种免于灭绝是有希望的！

● 知识点拨

有关虎的成语

虎背熊腰、虎踞龙盘、虎口拔牙、虎尾春冰、虎视眈眈、龙腾虎跃、虎虎生威、如虎添翼、谈虎色变、虎头虎脑、虎啸风生、放虎归山、狼吞虎咽、为虎作伥、风虎云龙、虎生文

炳、虎豹之父、龙骧虎视、龙潭虎穴、羊入虎群、虎口余生、
虎头蛇尾等等。

陆地上的短跑冠军——猎豹

猎豹是生活在非洲陆地上的短跑冠军，它们身体长满黑色的斑点，
在黄色皮毛的衬托下显得格外漂亮。它的嘴角到眼角有一道黑色的条
纹，这就是我们用来区别猎豹与豹的一个特征。

猎豹有自己独特的生存本领，它们在早晨五点钟左右开始外出
觅食，行走的时候比较警觉，不时停下来东张西望，看看有没有可
以捕食的猎物。它为了防止其他猛兽的袭击，一般是午间休息。午
睡的时候，每隔6分钟起来查看一下，看看周围有什么危险。它们
生活比较有规律，栖息于丛林或树林的干燥地区，平时独居，通常
是日出而作，日落而息。猎豹每次只捕杀一只猎物，一天行走的距
离大概五公里，最多走十多公里。虽然它善跑，但是行走的距离并
不远。

猎豹是动物界当之无愧的短跑冠军，时速可以达到112公里。如果
人类的短跑世界冠军和猎豹进行百米比赛的话，猎豹可以让这个世界冠
军先跑60米，最后到达终点的仍是猎豹。不过这并不能保证它们在捕猎
当中万无一失，要知道大自然是非常公平的，它虽然赐予猎豹无与伦比
的速度，但没有同时赐予它们耐力。如果猎豹不能在短距离内捕捉到猎
物，它就会放弃，等待下一次出击。

猎豹的奔跑速度这样快，与它的身体结构有关。它的身体修长
而苗条，四肢强而有力，脊椎骨十分柔软，容易弯曲，像一根大弹
簧一样。跑起来的时候，前肢和后肢都在用力，而且身体在奔跑中
一起一伏，所以跑得非常快。它在奔跑转弯时，那条大尾巴就起了
平衡的作用，使它不至于摔倒。猎豹奔跑速度达到每小时110公里以
上的时候，呼吸系统和循环系统都在超负荷运转，无法把囤积的热
量排出去，很容易出现虚脱症状，所以猎豹一般只能短跑几百米就

减速了。有时候猎豹抓住了猎物，因为它刚才跑得太快，必须要休息一下才能进食。这个时候是猎豹最脆弱的时候，它的猎物很可能被附近的狮子或者豹子抢走，甚至它自己都有生命之忧。

猎豹的猎食本领很强，在非洲五大动物猎手（狮子、鬣狗、野狗、花豹、猎豹）中排名第二位。它主要以捕食羚羊和野兔等为生。在捕猎时，它们喜欢在后面或侧面发动进攻，有时埋伏在灌木丛中，凝神静息，当猎物离它50米以内，便突然跃起，迅速冲过去，将猎物扑到。由于猎豹的个头不大，爪子也无法像其他猫科动物那样随意伸缩，因此很少捕猎到超过自己体重的大型动物。

猎豹爬树的本领一般，由于它的爪子不能伸缩，生在外面，不善于攀岩，所以一般不能上树，最多是上一些已经倒伏的那种倒木。所以在非洲，有时候看见像猎豹一样的猫科动物在树上休息或者是等候猎物，以为是猎豹，实际上不是的，那是豹子。

在自然的生物链中，猎豹是维持生物链正常运转的一个重要环节。目前，全球猎豹的数量在急剧减少，只有一万只左右，野生动物人员担心，在未来的十年里，这种世界上奔跑速度最快的猫科动物极有可能濒临灭绝，这势必会打破自然生态平衡。因此，保护猎豹已是我们人类义不容辞的责任！

●知识点拨

猎豹不愧为动物王国的短跑冠军，它踏着地面奔跑如飞。一位芬兰短跑健将对此深得启发，他认为肌肉贮藏的能量有限，只有把能量用到刀刃上才能创造出好成绩。他潜心研究模仿猎豹奔跑的姿势，先后创下几十项世界纪录，连获9枚金牌。

御敌有术的斑马

　　说起斑马，人们的脑海就会浮现那个穿着黑白相间的漂亮"迷彩服"的身影。斑马外形与一般的马没什么太大的区别，只是斑马的耳朵比马的耳朵大些，耳郭的毛长在里面，身上长满黑白相间的条纹而已。它们身上的条纹是为适应生存环境而衍化出来的保护色。

　　斑马有自己独特的御敌本领，这主要靠身上漂亮而雅致的条纹。这种条纹是同类之间相互识别的重要标记，也是适应环境的保护色。在辽阔的草原和沙漠地带，这种黑褐色与白色相间的条纹，在阳光或月光照射下，反射光线各不相同，起着模糊或分散其体形轮廓的作用，放眼望去，很难与周围环境分辨开来。这种不易暴露目标的保护作用，对动物本身是十分有利的。近年来研究发现，斑马身上的条纹可以分散和削弱草原上舌蝇的注意力，是防止它们叮咬的一种手段。这种昆虫是传播睡眠病的媒介，它们经常咬马、羚羊和其他单色动物，却很少威胁斑马的生活。历史上也曾出现过一些条纹不明显的斑马，由于目标明显，易暴露在天敌面前而遭到捕杀，最后灭绝，在漫长的生物演化过程中逐渐被淘汰了。只有那些条纹分明、十分显眼的种类尚能生存到现在。人类从这种现象中得到了启示，将条纹保护色的原理应用到海上作战方面，在军舰上涂上类似于斑马条纹的色彩，以此来模糊对方的视线，达到隐蔽自己，迷惑敌人的目的。

　　斑马还有个高超的本领，那就是寻找水源。斑马离不开水，每天要喝大量的水，它们就自己寻找水源。找到干涸的河床或可能有水的地方就用蹄子刨土，能挖出一米多深的水井。

　　斑马的"集体主义"精神很强，常常是几十头、上百头乃至几百头在一起生活。它们性格温和，有时也和羚羊、鸵鸟、长颈鹿等其他动物群生活在一起，共同防御敌人。它们的嗅觉、听觉都很灵敏，但视觉并不太好，往往借助和自己共同生活的长颈鹿这个称职的"瞭望哨"来及时报警，才能及早逃离危险。斑马之间能和平相处，如果遇到危险就团结一致，集体作战，在老斑马的带领下围成一圈，屁股朝外，把小斑马围在圈里，用后腿猛踢敌人。

斑马产在非洲东部、中部和南部，有山斑马、普通斑马、细纹斑马三种。山斑马，除腹部外，全身密布较宽的黑条纹，雄体喉部有垂肉。是体型最小的一种斑马，有一对像驴似的大长耳朵，身上条纹细密，臀部条纹很宽；普通斑马，由腿至蹄部有条纹或腿部无条纹；细斑纹马是最漂亮的一种斑马，体型大，身上条纹窄密而臀部脊柱条纹很宽，有一对长而宽的大耳朵。山斑马喜欢在多山和起伏不平的山丘地带活动；普通斑马栖于平原草原；细纹斑马栖于炎热、干燥的半荒漠地区，偶见于野草焦枯的平原。它们跑得很快，每小时可达64公里，斑马经常喝水，很少到远离水源的地方去。它们即使在食物短缺时，从外表看仍是肥壮且皮毛又有光泽。

● 知识点拨

斑 马 线

古罗马时期的庞培城的街道上，车马与行人交叉穿行，市内经常交通堵塞，并不断发生事故。为此，人们将人行道与马车道分开，把人行道加高，在靠近马路口的地方砌起一块块凸出路面的石头——跳石，作为指示标志。19世纪末，随着汽车的发明，城市内车水马龙，人们在街道上随意穿行，阻碍了交通。在20世纪50年代初期，英国人在街道上设计出一种横格状的人行横道线，行人在穿过街道时，只能走此线。由于这些横线很像斑马身上的斑纹，因此得名为"斑马线"。这也许就是斑马带给人类的启发吧！

动物界的"瞭望哨"——长颈鹿

长颈鹿是这个世界上身体最高的动物，长着一对终生不会脱落的角，一对不停转动、听觉灵敏的耳朵，位于头顶长着大而突出的眼睛，总是穿着花斑网纹的外衣，高傲地扬着长长的脖子，安静悠闲地吃着树叶，它给人的印象总是那么高贵优雅。

长颈鹿主要分布在非洲的埃塞俄比亚、苏丹、肯尼亚、坦桑尼亚和赞比亚等国，生活在非洲广阔的草原上。长颈鹿起源于亚洲，不过当时它们的脖子和腿没有现在那么长，后来，由于地球生态环境和气候的变化，食物缺乏，脖子短点的长颈鹿因为吃不着高树上的树叶而相继死去，脖子长点的则顽强地生存下来，经过漫长的年代，终于发展成今天的模样。

长颈鹿有天生的惑敌武器——"迷彩服"。长颈鹿的皮肤是黄色的，上面"印有"大小不等、形状各异的黑斑或褐色斑，很像漂亮的"迷彩服"，当长颈鹿隐藏在树荫下时，10米以外，很难分辨出哪是长颈鹿的花纹，哪是树枝的阴影。长颈鹿的迷彩妙用，给人们很大启示，在军事上，战士的服装、战车都使用了和长颈鹿花纹很相似的迷彩，起到很好的隐蔽作用。

长颈鹿的自卫本领很强，它们生性胆小善良，喜欢群居，一般十多头生活在一起，有时和斑马、鸵鸟、羚羊混居。每当遇到危险时，立即逃跑，奔跑迅速，时速可达每小时56公里。如果遇到袭击也不示弱，它就用巨蹄给予坚决反击，有时能踢碎狮子的脑袋。长颈鹿的脑袋也是很厉害的自卫武器，它的前额有一块突出的坚硬骨瘤，晃动起来犹如一个大铁锤，足可砸死大羚羊。

长颈鹿有"高空进食"的独特本领，它们身高五六米，脖子长约2米，能毫不费力地吃到五六米高的树枝，它们平常最爱吃金合欢树一类的四季常青的树叶和嫩枝。它的舌头伸长时可达50厘米以上，取食树叶极为灵巧方便，每天要吃35千克左右的树叶。由于它们要时常咀嚼树叶，这就使它们的下颚肌肉不停地运动，脸部因缺少运动而生长缓慢，所以我们可以看到长颈鹿总是一副僵硬的表情。

长颈鹿饮水的姿势也很特别，由于腿部过长，饮水时十分不便。它们要叉开前腿或跪在地上才能喝到水，而且在喝水时十分容易受到其他动物的攻击，所以群居的长颈鹿往往不会一起喝水或尽量少喝水，多吃一些含水丰富的嫩叶补充水分。长颈鹿由于身高太高，睡姿也十分独特，小长颈鹿一般横卧而脖子朝后弯，成年长颈鹿通常是站着并呈假睡的状态。

长颈鹿有自己独特的报警方式。长颈鹿凭着自己个子高、望得远、跑得快的优势，常被作为动物中的"瞭望哨"，它们的嗅觉、听觉都很灵敏，总是机警地转动耳朵寻找声源，直到断定平安无事，才继续吃食。可是，长颈鹿没有声带，不会发音，成了"高个子哑巴"。所以在遇到敌害时，主要靠尾巴的动作来报警。例如，平安无事时，尾巴就垂下不动；尾巴半抬起来时，表示有"危险"，要警戒；如果发现紧急险情，尾巴就完全竖起来！这种举尾为号的方式，可使敌害不易察觉，真可谓"无声胜有声"。

● 知识点拨

长颈鹿和"抗荷服"

长颈鹿是目前世界上最高的动物，其大脑和心脏的距离约3米，完全是靠高达160—260毫米汞柱的血压把血液送到大脑的。一般情况，当长颈鹿低头饮水时，大脑的位置低于心脏，大量的血液会涌入大脑，使血压更加增高，那么长颈鹿会在饮水时得脑充血或血管破裂等疾病而死。但是裹在长颈鹿身上的一层厚皮紧紧箍住了血管，限制了血压。飞机设计师和航空生物学家依照长颈鹿皮肤原理，设计出一种新颖的"抗荷服"，从而解决了超高速歼击机驾驶员在突然加速爬升时因脑部缺血而引起的痛苦。这种"抗荷服"内有一充气装置，随飞机速度的增高，会自动充入一定数量的气体，压缩空气对血管产生一定的压力，从而使人的血压保持正常。

不用喝水的树袋熊

澳大利亚的昆士兰及维多利亚州，生活着一种珍奇的有袋类动物，叫树袋熊。它们长相憨厚，身体臃肿痴胖，酷似小熊，故此得名，它属于哺乳类中的有袋目树袋熊科。

树袋熊的外表很可爱，生着一张胖胖的圆脸，黑黝黝的鼻子，水汪汪的眼睛，皮毛又软又厚，一对大耳朵，没有尾巴，长相十分滑稽，远看就像一团绒球，颇似玩具熊，深受人们的欢迎。

虽然树袋熊的长相笨拙，却有惊人的爬树本领。它们能在相距几米远的树枝间跳跃自如，动作轻巧敏捷。原来，树袋熊的爪极其尖锐，相互对生，能够紧握树干，不管风吹雨打，雷鸣电闪，它们都能在树上酣睡，从不会掉下来。

树袋熊身上长有厚厚的皮毛，这对保持温度的恒定很有利，而且下雨时还可以当雨衣使用，以免身体遭受潮气和雨水的侵扰。它的皮毛呈淡灰色到褐色等多种颜色，其中胸部、颈部、四肢和耳朵内侧都为白色斑块。尾部的皮毛特别丰厚，这也是树袋熊经常将它作为坐垫来使用的缘故。

树袋熊有不用饮水的本领。在欧洲人到达澳大利亚以前，当地的土著人称树袋熊为"考拉"，意思就是"不喝水"的动物。原来，树袋熊的最特别的习性就是可以不喝水，它们经常待在树上，不爱活动，饥饿时就以嫩绿新鲜的桉树和胶树的叶子为食，这两种树叶所含的水分较多，足以供应树袋熊身体所需的水分，所以它们可以不喝水，有的甚至终生滴水不进，仍然能够正常的生活与发育。树袋熊的这种生活本领是其他动物所不能比拟的。

树袋熊所食用的桉树叶子营养极差，几乎不含糖和脂肪，蛋白质也是微乎其微，为了适应这一低营养的食物，长期以来，树袋熊进化出了一套非常完善的系统与机制，新陈代谢非常缓慢，从而保证食物可以长时间地停留在它的消化系统中，并最大程度消化吸收食物中的营养物质。这种非常低下缓慢的新陈代谢活动，也让树袋熊可以最大程度地节省能量，保存体力。因此，我们会经常看到树袋熊每天会睡上18—22个小时！同时这种桉树叶中含有一些芳香类物质，散发出一种薄荷香味，加之树袋熊根本不喝水，使它们的身上发出芳香的气味。树袋熊喜欢独居，大部分时间生活在桉树上，但偶尔也会因为更换栖息树木或吞食帮助消化的砾石下到地面。

树袋熊的肝脏具有解毒的功能，能分离桉树叶中的有毒物质。桉树叶是他们唯一的食物，它们特别喜欢吃玫瑰桉树、甘露桉树和斑桉树上的叶子，一只成年树袋熊每天能吃掉1千克左右的桉树叶。它们的皮毛不会生寄生虫，总是显得干净美丽，因此特别受人们欢迎，同时也给树袋熊带来了严重的灾难，一些人为了获得珍贵的毛皮，曾大量捕杀树袋熊，几乎濒临绝灭。

在澳大利亚，人们把树袋熊作为友好、吉祥和幸福的象征。亲朋好友之间常以玩具树袋熊作为礼品相互馈赠，另外在圣诞卡、贺年片、生日卡上也时常看到树袋熊的图案。每逢节假日，经常能看到一些由人扮装的巨型"树袋熊"站在街头，向行人招手致意，并向人们宣传保护野生动物的重要意义。

跳高健将——袋鼠

在澳大利亚的草原上，生活着一群活泼可爱的动物——袋鼠，它们是澳大利亚特有的动物，在其国徽上都能看到它们的身影。

袋鼠没有与敌人争斗的武器，但它有自己独特的本领，那就是善于快跑和远跳。它不会行走，只会跳跃，或在前脚和后腿的帮助下奔跳前行，它们长着长脚的后腿强健而有力，最高可跳到4米，最远可跳至13米，有"跳高健将"的称号。它们独特的跳跃方式很容易与其他动物区分开来。袋鼠在跳跃过程中用尾巴进行平衡，当缓慢走动时，尾巴可作为第五条腿。当遇到敌害追逐的时候，它们可以一下子跳出七八米远，两米来高，当逃脱不了时就用有力的后腿猛踢敌人，还用粗大的尾巴横扫对手。袋鼠高超的弹跳本领启发了科学家们。目前澳大利亚发明了一种袋鼠汽车，这种汽车下面没有轮子，却有四条腿，可以像袋鼠那样跳跃前进，在崎岖的山路上，每小时能跑40公里，也可能在沙漠中代替骆驼运东西。

袋鼠生活在草原、沙漠上，干旱时有一套节水、散热的本领，而且会在荒漠上掘出1米深的井取水维持生命。袋鼠平日面目和善、温驯，不会主动伤害别的动物，但一旦被激怒，就会不顾一切地搏斗。袋鼠的视力很差，但对灯光很好奇，每当夜晚有车辆经过时，袋鼠们总要冲到公路上看个究竟。因此，在澳大利亚的公路上都设有袋鼠图案的路标，提醒司机们夜间行车注意避让袋鼠。

袋鼠有自己独特的育儿方式。刚出生的小袋鼠身长只有2厘米，体重不足1克，但它们凭着有力的前肢爬进母袋鼠的育儿袋里发育成长，一直生活到育儿袋没有足够的空间容纳它们为止。袋鼠的这种育儿方法给医学界很大的启发，哥伦比亚的医生在1979年发明了"袋鼠育儿法"。他们让母亲平躺，把婴儿俯卧在母亲胸前，母子肌肤直接接触。这种方法大大降低了婴儿之间的疾病传染率，通过婴儿与母亲的肌肤接触，有效地保持体温，减少了低体温症的发病率，使早产儿的存活率显著提高。

怀孕的袋鼠有一种其他动物没有的独特本领，能让自己的胚胎处于"假死状态"。如果生存环境不好，或者碰上天气恶劣、食物不足，母袋鼠的乳腺会分泌出一种物质，抑制胚胎的生长，直到环境重新变好。一旦环境好转，胚胎又自动发育直至生产，丝毫不影响后代的身体健康。

袋鼠的自卫能力也很强，它在遭受袭击时，会踮起后腿，发出咆哮。当敌人进一步逼近时，它会突然伸直前肢，将两只匕首似的尖爪刺入其腹部，抓出内脏，或者用后脚猛地踢蹬对方的腹部，将对方踢伤甚至踢死。如果在靠近水域的地方，袋鼠便跳到水中，转过身子等待敌人游来，然后用前肢抓住对方的头，使劲地往水下按。如果遇到强敌，它打不过就逃跑，一下子跳到水里，让敌人无可奈何。

●知识点拨

袋鼠与"蹲距式"起跑

过去，所有的短跑运动员都是站着起跑的，1988年，澳大利亚短跑运动员舍里尔在观察袋鼠奔跑时，发现它在起跑前总是先弯下身体，几乎贴到地面，然后闪电般地向前蹿出。他不禁恍然大悟，模仿袋鼠弯腰起跑的姿势，果然一鸣惊人，战胜了所有的对手。科学家对这一起跑原理进行研究后得出结论：弯曲的身体犹如一根绷紧的弹簧，在起跑的一刹那，弹簧突然伸出，同时爆发出强大的冲击力，如离弦之箭，在最短的时间内，使运动员为摆脱静止状态而得以向前冲的初速度最大。这种新颖的"蹲距式"起跑，是袋鼠对人类仿生学的又一贡献。

捕鱼能手——水獭

我们知道，猫喜欢和老鼠捉迷藏，而在水中，能有本事和鱼捉迷藏的动物可不简单呀！是哪种动物呢？它就是水獭。

水獭栖息在湖泊、河湾等淡水区，常独居，不成群。善于游泳和捕鱼。它们捕鱼敏捷迅速，常在水边的岩石上潜伏，凭着灵敏的视觉、听觉、嗅觉，一旦发现猎物，便迅速扑捕，多能大获全胜。聪明伶俐的水獭，只要经过半年的训练，就可以成为渔民的好帮手，素有"捕鱼能手"之称。它们游泳速度很快，靠肌肉发达的长尾上下摆动，靠后肢掌握方向，在水中可左右翻转，上下自如。一次潜水可长达6—8分钟，喜欢在水里追捕鱼群。水獭的身体呈流线形，能减少水的阻力。鼻孔和耳道口都生有小圆瓣，潜水时可关闭，以防止水浸入。四肢短，趾间有蹼。眼睛由一层透明的薄膜保护，能适应在水中的光线。水獭全身为灰褐色，体毛短而细密，富有光泽，耐水浸，即保暖又抗冻。

水獭具有筑堤的本领，防止涨水时被"洪水"入侵。它们一般在水陆之间筑堤堰截水成池，并打洞筑窝。它们的窝一头开口在河岸边，另一头开口在树林里，中间是宽敞的藏身之处。白天待在窝里或岸边灌木丛中，夜里出来活动，以鱼为主食，也捕食蟹、蛙、蛇、水禽以及各种小型动物，还吃柳树、桦树等落叶树上较嫩的软枝内皮。它们不会爬树，用门牙把小树啃倒再吃。成年水獭可以在一刻钟内啃倒一棵直径10厘米粗的树。水獭大多在水里捕食和生活，只有当它饿得发慌时才会离开水到岸边去觅食老鼠和小鸟，甚至冒险潜入村舍去偷吃小鸡雏鸭。水獭在陆上行走时，肚皮紧贴地面，因肢体短小而爬行艰难，显得非常吃力，容易被敌害追上。它的感觉非常敏锐，记忆力也挺强，从哪里下水都能准确无误地由原地登陆上岸，循着爪痕足迹返回洞穴。

水獭还有耐寒的本领，这是因为水獭的皮毛不但外观美丽，而且特别厚，绒毛厚密而柔软，几乎不会被水浸湿，保温抗冻作用极好。

听觉灵敏机智善跑的兔子

兔子是惹人喜爱的小动物，长着一双圆溜溜的眼睛，标志性的三瓣嘴，长长的耳朵，还会转动。尾巴短短的，毛茸茸的，微微向上翘着，被长长的体毛掩盖着，要不仔细看，还不容易被发现。它的前腿短，后腿长，跑起来一蹦一跳的，远远望去，就像小绒球似的，十分可爱！

兔子的种类很多，大体上可以分为家兔和野兔两种。兔子眼睛的颜色与它们的毛色是一致的，黑兔子的眼睛是黑色的，灰兔子的眼睛是灰色的，白兔子的眼睛是透明的，我们看到的红色是血液的颜色，并不是眼球的颜色。兔子的耳朵又长又大，能够转动，能听到很微小的声音，异常灵敏，而且血管很丰富。由于兔子身体表面汗腺不发达，热量就通过耳朵上的血管散出体外。兔子的眼睛位于脸的两侧，视野接近三百度，但兔子是夜行动物，白天视力较差。

由于兔子自身个体小，对敌害抵御能力差，常是其他食肉动物垂涎的美味佳肴，于是兔子在恶劣的自然环境中练就了机智善跑的生存本领。兔子的前肢短，很适合在平地和上下坡活动；后肢较前肢长而且有力，可以跳得很高，它们的奔跑是跳跃式的前进，一跃三五米，速度可达每小时五六十公里。兔子逃跑时总是一边跑，一边回头看，根据追敌的情况来决定自己的速度。兔子很机智，当它难逃追捕时，就会突然止步，向旁边一闪，甩掉敌人。

兔子还有掘洞的本领，有些洞穴深达3米，长45米。它在掘洞时，除了"前门"外，还留有"后门"，前门有危险就从后门逃走，正所谓"狡兔三窟"。兔子的嗅觉也很灵敏，不亚于警犬，能根据嗅觉判断周围有无别的动物，母兔靠嗅觉分辨自己的子女。虽然兔子的寿命只有三年左右，十分短暂，但是它凭着自己的机智，在弱肉强食的自然界中也能很好地生存。

"兔子不吃窝边草"是一种动物习性，被聪明的人类发现后，作为仿生学的一项重要内容，被移植到人类社会，成为人们遵循的一条为人处事的准则。窝边草好比人类的粮仓，是用来"以丰补歉"的。要居安思危，要未雨绸缪，要"风物长宜放眼量"。窝边草是用来应急的，是用来"备战备荒"的。试想，一旦到了"八月秋高风怒号"之际，一旦到了"风急天高猿啸哀"之时，兔子们被恶劣的环境所迫，无处觅草，在这生死存亡的时刻，窝边草无疑就是生存的最后底线了，就是救命的稻草了。有谁能说，兔子的忧患意识不及人类？不吃"窝边草"，是因为"窝边草"无"物"可替，无"人"可代。在兔子的心目中，窝边草是他们的再生父母，救命恩"草"。窝边草在，生命就在，希望就在。一旦到了要吃窝边草的地步，牺牲也就到了最后关头了。有些草兔子们也许永远也不吃，但有这些草在，兔子们心里就格外踏实，如同吃了一个定心丸。窝边草就是这样的草，备而不用，这种意义远在"用"之上。

不吃窝边草，体现出兔子的生存智慧。在生物界，在大自然中，一切有生命或是在我们人类目前看来没有生命的物质，都在某一个方面堪为我们的老师，它们对我们的启迪，值得在一生中细细体味。

植物卫士——刺猬

人们习惯对性格倔强，桀骜不驯的人称之为浑身是刺，也就是通常所说的"刺头"。人的身上当然是不能长刺的，但是有一种动物，身矮体胖，眼小毛短，浑身长满硬刺，遇险时身体蜷成球状，它就是刺猬。

刺猬大多生活在山地、平原、农田中，喜欢用锐利的爪子在树根下、石缝、枯木下安家。它们很胆小，而且怕光，又喜欢安静，白天就在洞中睡觉，夜幕降临时便缓缓地移动身体出来觅食。它们会爬树、游泳，能渡过小河到对岸。它们的视觉退化，但嗅觉和听觉很灵敏，这种结构使它适于夜间出来捕食。它们是大型的食虫动物，也吃植物的根、茎、果实等，能把毒蛾吞入肚中，它对蝮蛇也有很强的抵抗力，能吞食小蛇，尤其喜欢吃鼠类、蝗虫等，一晚能吃二百克的虫子，有利于农业消灭害虫，因此，人们称刺猬为"植物卫士"。

刺猬性格温顺，从不主动伤害别人。它们没有结实的牙齿也没有尖利的爪子，身单力薄，行动迟缓，但它们却有自己独特的御敌本领。当遇到有气味的植物时，就会咀嚼后涂到自己的刺上，使刺保持当地的气味以防被敌害发现，有时使其沾染有毒物，以此来抵抗敌害。当刺猬遇到敌人袭击而又无法逃脱时，就头朝腹部弯曲，身体蜷缩成一个刺球，将头和四肢包住。浑身竖起钢针般的棘刺让敌人无从下手，就连老虎、恶狼也无可奈何。但是，狡猾的狐狸和黄鼠狼却有对付刺猬的办法。狐狸用尖嘴把"刺球"轻轻叼起，抛向空中，如此反复摔打，刺猬渐渐失去抵抗能力，就变成狐狸的美餐了。黄鼠狼主要凭着自己威力无比的臭屁把刺猬熏倒麻醉，身体自动松散开来，它就趁机把刺猬吃掉。

刺猬还是捕蛇高手，它捕蛇的本领令人眼花缭乱、惊奇不已。当刺猬发现花斑蛇或草蛇时，立刻静止不动，悄悄地躲在一旁窥视，观察动静，趁蛇不留意时突然冲上去咬一口。蛇怒气冲冲地要反击，刺猬马上蜷缩成一团，竖起背面的刺，把愤怒反扑的蛇刺疼，蛇无从下口，望而生畏。等到蛇企图退却时，而调皮的刺猬又很快松开身子，抬起头来，再次冲上前去，又扑又咬，经过几个回合，它便将蛇咬得体无完肤，最终将其吃掉，其速度可以用"闪电"两个字来形容。

●知识点拨

生物学家根据刺猬在寒冷冬天相互取暖的习性发现了"刺猬法则"：刺猬相互取暖时，如果挨得太近，身体就会被刺痛；如果离得太远，就会冻得难受。只有找到一个适中的距离，既可以相互取暖，又不至于彼此刺伤。这种法则应用于人际交往中强调的就是"心理距离效应"。法国总统戴高乐就是一个很会运用刺猬法则的人，他有一个座右铭："保持一定的距离！"一个优秀的领导者只有做到"疏者密之，密者疏之"，才是成功之道。

海中智叟——海豚

海豚是一种本领超群、聪明伶俐的海中哺乳动物，海豚救落水人的故事，我们听了很多，海豚与人玩耍、嬉戏的报道也常有所闻。海豚确实具有与众不同的智力，有"海中智叟"的美誉。

海豚是体形较小的鲸类，大约有62种，分布于世界各大洋。体长1.2—4.2米。海豚一般嘴尖，上下颌各有约100颗尖细的牙齿，主要以小鱼、乌贼、虾、蟹为食，它们喜欢过"集体"生活，少则几头，多则几百头。以前人们认为在动物界中猴子最聪明，但事实证明，海豚比猴子还要聪明。有些技艺，猴子要经过几百次训练才能学会，而海豚只需二十几次就能学会。如果用动物的脑占身体重量的百分比来衡量动物的聪明程度，那么海豚仅次于人，人的大脑占本人体重的2.1%，海豚的大脑占它体重的1.17%。海豚的大脑还有一种独特的本领，在睡眠时，大脑两半球可以轮流工作和休息，当其中一部分工作时，另一部分充分休息，每隔十几分钟轮换一次，这使海豚整日都可以搏风击浪，不会疲劳。

海豚根据回声定位来判断目标的远近、方向、位置、形状、甚至物体的性质。有人做试验，把海豚的眼睛蒙上，把水搅浑，它们也能迅速、准确地捕追食物。海豚还有高超的游泳和潜水本领。据测验，海豚的潜水记录是300米深，而人不穿潜水衣，只能下潜20米。至于它的游泳速度，更是人类比不上的。海豚的速度可达每小时40公里，相当于鱼雷快艇的中等速度。

海豚还具有救生的本领。人类在水中发生危难时，往往会得到它的帮助。海豚不仅营救人类，还会搭救体弱有病的同伴。1994年6月，研究人员在太平洋进行海豚生态调查时，曾观察到一条不幸被鱼叉击中而呈昏迷状态的海豚，在其附近，游来另一条海豚，并不断地把受伤的同伴推向水面，它发出的声音，仿佛在唤醒处于昏迷状态的受伤海豚。

其实，海豚救人的行为是一种本能，因为它喜欢推动海面上的漂浮物体，被救护的对象并不只限于人类。它喜欢把自己刚出生不久的幼仔托出水面，或者抬起负伤或死去的同伴，海豚的这种"救护行为"不仅表现在对同类中，而且对其他动物以及各种无生命的物体，如大海中漂浮的动物的尸体、碎木头等也表现出同样的热情。因而一旦遇上了溺水者，就可能本能地将其当作一个漂浮的物体推到岸边去，从而使人得救。

海豚是人类最忠实的朋友，是海洋中的"精灵"，然而近些年来海豚却面临生存环境极度恶化，全球仅存40种，它们正在面临生存威胁，可能会导致灭绝，我们应积极参与对海豚的保护，保护海豚也是为了保护我们人类自身的家园——地球。

● 知识点拨

海豚与声呐系统

海豚头部的瓣膜和气囊系统，能发射超声波，具有回声定位功能，而且非常准确。所以，它在光线黑暗、地质情况复杂的海洋世界里，能够十分灵活、准确地跟踪和捕捉各种目标。

海豚与潜艇、鱼雷

仿生学家发现海豚的流线形体形和皮肤的特殊构造是其游得快的主要原因，它外面的表皮薄而富有弹性，里面的真皮像海绵一样有许多突起，突起之间充满了液体。这种皮肤能吸收和消除阻碍前进的水流漩涡，使水流从它表面顺利通过，因而游得快。仿生学家模仿海豚的皮肤，用富有弹性的有机材料制成一种多层外壳，潜艇穿上这层人造"皮肤"，航行时阻力可减少一半，航速提高了1倍，为鱼雷也设计了专门的人造海豚皮，实验发现，换上这种皮后，鱼雷的速度也提高了一倍，这是海豚为人类做出的又一重大贡献。

沙漠之舟——骆驼

在茫茫的沙漠地带，这里一片荒凉，植被稀少，缺水严重，几乎是生命的禁区。人们心目中的所谓强者，如老虎、狮子等在沙漠面前都望而却步，但有一种动物能不动声色地挑战沙漠，它就是骆驼。

骆驼有两种，分为单峰骆驼和双峰骆驼。单峰骆驼在沙漠中能走能跑，可以运货驮人，主要生活在北非洲、西亚洲和印度等热带地域。双峰骆驼四肢粗短，毛长，耐寒，更适合在沙砾和雪地上行走，主要生活在中亚和中国西北、蒙古。骆驼行沙越丘如履平地，是沙漠戈壁地区人们和地质勘探、考古工作者不可缺少的得力运输工具，有"沙漠之舟"的美誉。

骆驼有自己独特的"武器"来抵御风沙。骆驼的耳朵里有毛，能阻挡风沙进入；有双重眼睑和浓密的长睫毛，可防止风沙进入眼睛；骆驼的鼻翼还能自由关闭。沙地软软的，骆驼的脚掌扁平，脚下有又厚又软的肉垫，这样的脚掌使骆驼在沙地上行走自如，不会陷入沙中又不怕烫脚。骆驼的皮毛很厚实，冬天沙漠地带非常寒冷，它们的皮毛对保持体温极为有力，而且还可以反射阳光；它们的长腿可以远离滚烫的地面；它们熟悉沙漠里的气候，有大风快袭来时就会跪下，旅行的人可以预先做好准备。

骆驼还有耐饥渴的本领。它能在沙漠中走上20多天，行程1 000多公里，滴水不进在骄阳下暴晒能活半个月。骆驼以稀少的植被中最粗糙的部分为生，能吃其他动物不吃的多刺植物、灌木枝叶和干草，但如果有更好的食物，它们也乐意取食。食物丰富时，骆驼将脂肪储存在驼峰里，条件恶劣时，就靠驼峰里储存的脂肪提供能量，而且脂肪氧化又可产生水分，再加上骆驼体内水分丢失缓慢，脱水量达体重的25%仍无不利影响，骆驼的胃里有许多瓶子形状的小泡泡，可以贮存水，骆驼一口气喝下100升水，能数分钟内恢复丢失的体重，骆驼的体温晚间为34℃，白天高达41℃，只有在高于这个体温，骆驼才开始出汗。这样可以每天节省约5升水，因此能不食不饮数日。

骆驼喜欢自在地独处或群居，但它们只喜欢和自己的同伴在一起，在不熟悉的动物接近时，常常会变得很激动。骆驼通过跺脚及奔跑来表现它的不高兴，发怒时口喷唾液，会咬人、踢人，十分危险。对于艰苦的环境，骆驼没有半点抱怨，而且耐心十足，永不放弃，它适应了大自然，大自然也接纳了它。

骆驼对人类的贡献很大，它除了能作为运输工具外，还具有很大的经济价值。骆驼的肉、奶、油都是牧民的常用食品；驼峰历来被列为中国酒宴上的"八珍"之一，诗人杜甫用"紫驼之峰出翠釜"的诗句赞美它；驼蹄更是与熊掌、燕窝齐名。驼骨、驼血等都可入药，真可谓浑身是宝呀！科学家还根据仿生学原理和骆驼蹄与沙地的作用方式，研制出驼蹄仿生轮胎。实验室研究表明，驼蹄仿生轮胎比普通轮胎具有更好的牵引性能。

动物中的瑰宝——大熊猫

大熊猫是我国特有动物，是被全世界公认的自然遗产和活化石。它身体肥硕似熊，头圆颈粗，耳小尾短，四肢粗壮，头部和身体毛色黑白相间。尤其是那一对八字形黑眼圈，好像戴着一副眼镜，十分惹人喜爱。它们主要分布在我国的四川、陕西、甘肃部分地区，目前仅存1 800多只，属于国家一类保护动物，素有"国宝"的美称。

　　大熊猫喜欢居住于海拔2 400—3 500米的高山竹林中，喜欢在针叶林带、针阔混交林带以及落叶阔叶林带的竹林内活动。大熊猫的祖先是食肉动物，现在爱吃素，箭竹、玉山竹、方竹及其他竹类约占其全部食物总量的99%，以竹子的竹茎、竹叶和竹笋为主。一只成年的大熊猫每天要吃20千克左右的鲜竹，偶尔也吃肉，如竹鼠。在野外，每天除了睡眠和短距离活动，大熊猫要吃14个小时。大熊猫性情孤僻，行动缓慢，自卫能力较弱，喜欢独居，昼伏夜出，没有固定的居住地点，常常随季节的变化而搬家。春天一般在海拔3 000米以上的高山竹林里，夏天迁到竹枝鲜嫩的山坡处，秋天搬到2 500米左右的温暖的向阳山坡上，准备度过漫长的冬天。

　　大熊猫还有一些特殊的本领，比如爬树和游泳。由于体态肥胖，大熊猫给人的感觉往往是笨拙的、慢吞吞的。其实，大熊猫一点儿也不笨，它们个个是爬树高手。在大熊猫小的时候，爬树和游泳是它们的必修课，它们每天至少要爬一次树，只要有水，也会尽量多游泳。如遇到危险时就迅速爬到树梢。这是它们食肉祖先的本能，有利捕食，也能躲避敌害。幼年大熊猫爬树多是为了玩耍。

　　大熊猫还有嗜饮习性，所以它的家园大都选在有清泉流水的地方，便于随时畅饮。天寒冰封，熊猫就用前掌击碎冰层饮水。干旱季节，它会下到很深的山谷寻找清洁的水源，反复痛饮直到喝得腹胀肚圆，行走困难，才恋恋不舍蹒跚而去，或干脆躺卧溪边，形如醉汉，当地人称"熊猫醉水"。大熊猫嗜饮是因为它所食的竹子含水分较少，要补充生理所需水分，而暴饮则可能是某种疾病，引起口干舌燥所至。此外，大熊猫还有涉水泅渡的本领，让人刮目相看。

　　大熊猫还有不怕寒冷、不冬眠的本领，因为它是第四纪冰川中走过来的勇士，哪怕气温下降到零下4℃—14℃，仍穿行于白雪皑皑的竹林中，选食可口的竹子，更不像黑熊等很多动物躲藏于树洞或岩洞进行冬眠。它还不怕潮湿，终年在湿度80%以上的潮湿森林中度过。

　　大熊猫已成为世界上最珍贵最稀有的动物，被世界野生动物协会选为会标，还常常担负"和平大使"的任务，代表中国人民的友谊，出访了许多国家和地区，深受各国人民的欢迎。大熊猫只产在中国，保护大熊猫的责任落到了中国人的肩上，大熊猫的命运牵动着每个中国人的心。保护大熊猫的工作也得到了国际社会的大力支持，世界自然基金会、许多国家的小朋友及友好人士送来了捐款、救护器材等，支援中国救助大熊猫的活动。相信通过世界人民的共同努力，大熊猫一定会在这个和谐的环境中长存于世。

高原之舟——牦牛

在浩瀚大漠、在风雪高原、在寒冷世界……在种种恶劣的自然环境中，动物往往成为人类战胜艰难困苦、开展生产、进行生活的好帮手，素有"高原之舟"美誉的牦牛就是其中的一种。牦牛的禀性在人们的心目中有口皆碑，它吃苦耐劳、默默无闻、忍辱负重……尽管不善张扬，但牦牛的精神却永远传颂!

牦牛是西藏高山草原特有的牛种，主要分布在喜马拉雅山脉和青藏高原。我国是世界上拥有牦牛头数最多的国家，约占全世界85%。恶劣的自然环境使牦牛练就了一身独到的生存本领。牦牛身体高大，心、肺发达，肌肉紧凑，身长腿短，全身一般呈黑褐色，身体两侧和胸、腹、尾毛长而密，体格健壮，眼圆有神，牙齿坚利，采食性能良好，又具有灵活的嘴唇和舌，可像绵羊似的悠闲地在高山草地啃食低矮的青草，耐牧性极强。它能爬高山峭壁、可涉沼泽、可在冰上行走，它丰富的成毛和发育很好的皮下结缔组织、腋腺，忍饥能力强，能在终年积雪、植物生长季节短、一般动物难以生存的高寒草原上正常生活。它们主要生活在海拔3 000—5 000米的高寒地区，能耐零下30—40℃的严寒，而爬上6 400米处的冰川则是牦牛爬高的极限。牦牛是世界上生活在海拔最高处的哺乳动物。

牦牛喜欢群居，通常七八头、数十头一起活动，有时也有上百头一起活动。有些雄性牦牛到了老年，性情则变得孤独，夏季常常仅是三四头在一起，离群而居。

牦牛的嗅觉灵敏，警惕性高，它的天敌是野狼。当它们遇到危险时，绝不会独自逃命。公牛们会自告奋勇地把小牛崽围在群体的中央，自己站到最外边，勇敢地与野狼拼死奋战。当牦牛被激怒时，便一改往日的温顺，发出凌厉的怒吼，这种奔驰如风的冲势，具有震撼天地的巨大力量。它们不畏强敌的勇敢，使得狡诈好斗的狼群落荒而逃。

牦牛全身都是宝。藏族人民衣食住行都离不开它。人们喝牦牛奶，吃牦牛肉，烧牦牛粪。它的毛可做衣服或帐篷，皮是制革的好材料。用牦牛皮制成的牛皮船是高原河流上重要交通工具。牦牛绒纺成的上等呢绒畅销国内外。牛毛捻成的绳子富有弹力，结实耐用，做成的帐篷御寒力很强。牦牛尾巴制成的"毛掸"拂尘力强，特别是白色的尾巴更为珍贵，是传统的出口物品之一。它既可用于农耕，又可在高原做运输工具。牦牛还有识途的本领，善走险路和沼泽地，并能避开陷阱择路而行，可做旅游者的向导。牦牛还耐劳负重，长途驮载货物可达100—200公斤，边走边放牧采食，日行15公里左右，可连续驮运数月，往返行程一两千公里。

游泳高手——海豹

海豹是肉食性海洋动物，它们的身体呈纺锤形，四肢变为鳍状，适于游泳，全身披短毛，背部蓝灰色，腹部乳黄色，带有蓝黑色斑点。头近似圆形，眼大而圆，没有外耳郭，嘴短而宽，上唇触须长而粗硬，呈念珠状。四肢均有5趾，在陆地只能爬行。

海豹生活在寒温带海洋中，除产仔、休息和换毛季节到冰上、沙滩或岩礁上之外，其余时间都在海中游泳、取食或嬉戏。

海豹的游泳本领很强，速度可达每小时27公里，同时又善潜水，一般可潜100米左右，南极海域中的威德尔海豹则能潜到600多米深，持续43分钟。这是因为海豹胸廓长，肺活量大，而且它的鼻孔和耳孔都有肌肉性的活瓣，当海豹潜入水下时，就将这些活瓣关闭起来，不让海水进入鼻孔和耳孔。海豹在海洋里追捕猎物，可以长时间地中断呼吸，一口气可以屏息几十分钟。冬天有的海域冰封以后，冰下的海豹能在薄冰上打出许多洞来，作为呼吸的窗口。在冰层还不厚的时候，它直立于冰下水中，把鼻面贴住冰层，然后用力呼气，呼出热气使冰层出现一个小洞，再扩大这个小洞，直到能使自己的身子通过为止。有了这个"天窗"，就不用担心被窒息而死了。

海豹在水中洞察目标的本领也很大。即便在比较混浊的水中或幽暗的水下，海豹也能看到极小的鱼类，到了陆地上也能准确无误地发现敌害。海豹的眼睛晶状体很大，近似球形，便于接收大量的光线。眼睛的外层有透明的瞬膜，既能保护眼睛，又可提高视力。它眼球的容积能随水压变化而改变，有利于在深水中看清其他动物的行踪。此外，海豹视网膜上的感光细胞很多，使它在陆地上也有较好的视力。

海豹有一种非常适应寒冷的能力，能将食物快速转换成能量。除此之外，它们还有一项特殊本领，能随心所欲地收缩身体表面的血管，以减少热量的散失。海豹还能潜到很深的水里之后快速地浮到水面而安然无事，如果人类潜入深水后，再快速返回水面常常会得潜水病，甚至有死亡的危险。这种病是由于人在从深水高压上升的过程中，血液里形成气泡所造成的。科学家们希望根据对海豹潜水的研究，找出防止潜水病发生的方法，这对深海作业和科学研究无疑是非常重要的。

海豹是鳍足类中的一个大家族，全世界共有19种。其中有鼻子能膨胀的象海豹；头形似和尚的僧海豹；身披白色带纹的带纹海豹；体色斑驳的斑海豹；雄兽头上都有鸡冠状黑皮囊的冠海豹。海豹生性活泼，而且很聪明，经过训练后，它们会表演顶球、捞物等各种节目。

过去，人们为了获取海豹身上珍贵的皮毛，海豹的种群数量在急剧下降，几乎灭绝。为了保护海豹这种珍稀动物，拯救海豹基金会决定，从1983年开始，每年的3月1日为国际海豹日。目前，虽然保护海豹的工作已经收到成效，但是有些种类的海豹依然没有摆脱灭绝的阴影。现在，许多国家规定禁捕或限量捕杀海豹。我国已经将海豹列为国家二级保护动物。

● 知识点拨

象　海　豹

全世界有两种象海豹：一种叫南象海豹，主要生活在南极乔治亚岛、印度洋的克尔盖伦群岛、南太平洋的马阔里岛等地，体重达3 650千克，体长6.5米；另一种叫北象海豹，生活在北美洲的西海岸，体重足有4 000多千克。象海豹不仅是已知19种海豹中的体重冠军，而且还是世界上最大的鳍足类动物。象海豹的鼻子十分特殊，像鸡冠一样，且能随着身体的增大而长大。有的象海豹的鼻子长达0.4米，当它们兴奋或发怒时，鼻子会充血膨胀起来，发出很响的声音，故得名"象海豹"。

北极圈之王——北极熊

一望无际的雪原，坚冰覆盖着的曲折蜿蜒的海岸线，大自然鬼斧神工的创作被保留得最原始的一块地方——北极，出没着寂寞的北极熊。北极熊是北极地区最大的食肉动物，主要生活在北极地区北冰洋岛及亚欧大陆和北美北部沿岸，也叫白熊，它们性情凶猛，在冰天雪地的北极独尊称王。

北极熊全身长满白色的毛，头小颈长，眼小耳圆，皮肤为黑色，很适应寒冷地区的生活。它们那白色的毛与冰雪同色，便于伪装，而且又厚又防水。皮下的脂肪层可以保暖。除了鼻子、脚板和小爪垫，北极熊身体的每一部分都覆盖着皮毛。多毛的脚掌有助于在冰上行走时增加摩擦力而不滑倒。北极熊毛的结构极其复杂，里面中空，起着极好的保温隔热作用。可以在浮冰上轻松自如地行走，完全不必担心北极的严寒。

别看北极熊高大笨重，它还很擅长游泳呢！它喜欢在北极冰冷的海水里游泳或潜水。它那宽大的熊掌犹如双桨，用两条前腿奋力前划，后腿并在一起，掌握着前进的方向，起着舵的作用，以每小时6.5公里的速度在水中游四五个小时，但它游泳的姿势并不优美，是狗刨式。

北极熊高大凶猛，喜欢独来独往，主要猎食海豹，通常都是站在其呼吸孔的下风，以免自己的气味将海豹吓跑。它们总是全神贯注，一动不动地耐心等上几个小时，海豹脑袋一露出来，便会闪电般的一掌拍下去，将其脑壳打碎，并且立刻咬住，使其不致沉下水去，然后再用尽全身力气，将其从几米深的冰洞里拖出，饱餐一顿。对于那些躺在浮冰上的海豹，北极熊有自己独特的方法，它发挥自己游泳的特长，悄无声息地从水中接近海豹，有时它还会推动一块浮冰做掩护。如果在游泳途中遇到海豹，北极熊会无动于衷，视而不见。因为它知道，在水中绝不是海豹的对手，与其恶斗一场，最终一无所获，还不如放海豹一马，保存自己的体力。看来，北极熊还是很聪明的。北极熊在陆地上猎食的效率也很高，这是因为它们也善于奔跑，奔跑时速高达每小时60公里，但不能持久，也能捕食一些如北极狐之类的猎物。它们具有异常灵敏的嗅觉，可以嗅到在3.2公里以外烧烤海豹脂肪发出的气味，能在几公里以外凭嗅觉准确判断猎物的位置，然后以相当快的速度从冰上跳跃奔去捕猎，一步跳跃奔跑的距离可达5米以上。北极熊的胃口很大，一次可以吞下50—70千克的脂肪和肉，饱食一顿后可以数天不吃东西。因此，在海豹分布不均的北极，北极熊时常捕不到猎物，只能靠胃中的储备来维持生活。

在世界上，其他地方的熊都有冬眠的习惯，东北叫作"蹲仓"，但北极熊却很少冬眠，只在天气最坏的时候缩起脑袋睡上几个小时，身上厚厚的绒毛和体内几乎同样厚的脂肪层起到了极好的保温作用，任凭大雪纷飞，暴风肆虐，它们可以照睡不误。

● 知识点拨

北极熊——光电管

号称"北极圈之王"的北极熊，它身上的毛是空心管子，实际上就是一根根微细的"光电管"，只有紫外线能沿着中间的空心通过。北极熊利用"光电管"吸收阳光中的紫外线，使身体周围的温度增高，好似一件自动增温的皮大衣，加上丰厚的脂肪层，就能无忧无虑地生活在冰天雪地里了。根据这个道理，有人设想，如果仿造北极熊的透明毛管，人工制造类似的毛皮，是否可以做高质量的保暖衣服呢？如果仿照北极熊的毛管，人工制成光导管，安装在太阳能收集器上，是否可以大大提高太阳能的利用率呢？这就有待于科学家们继续努力了。

生物中的活雷达——蝙蝠

蝙蝠是一种唯一能在空中飞行的哺乳动物，是哺乳类中古老而十分特化的一支，因前肢特化为翼而得名。分布于除南北两极和某些海洋岛屿之外的全球各地，以热带、亚热带的种类和数量最多。目前，世界上有将近1 000种蝙蝠，它们大多具有敏锐的听觉定向系统，有"活雷达"之称。

大多数蝙蝠以昆虫为食，部分蝙蝠以果实、花粉、花蜜为食。热带美洲的吸血蝙蝠以哺乳动物及大型鸟类的血液为食。蝙蝠的体型大小差异极大。最大的吸血狐蝠翼展达1.5米，而基蒂氏猪鼻蝙蝠的翼展仅有0.15米。蝙蝠除翼膜外全身有毛，背部呈浓淡不同的灰色、棕黄色、褐色或黑色，而腹侧色调较浅。蝙蝠的吻部似狐狸，外耳向前突出而且非常大，活动灵活。许多蝙蝠有鼻叶，由皮肤和结缔组织构成。它的翼是进化过程中由前肢演化而来，除拇指外，前肢各指极度伸长，有一片飞膜从前臂、上臂向下与体侧相连直至下肢的踝部。它们喜欢成群地栖息于孤立的地方，如山洞、缝隙、地洞或建筑物内，也有栖于树上、岩石上。喜欢昼伏夜出，这种习性有利于它们侵袭入睡的猎物，而自己又不受其他动物或高温阳光的伤害。

蝙蝠有"倒挂金钟"的本领。蝙蝠的腿是不能够用于行走的，只能借助于翅膀的力量爬。因此，蝙蝠不能像其他飞行生物那样借助于腿部力量起飞。一般小型的鸟类起飞是先跳起来离开地面，再扇动翅膀飞行；体型大的鸟类，如天鹅，得先助跑达到一定的速度后才能够飞离地面；蝙蝠采用更省力的办法就是倒挂在空中，然后伸开翅膀就可以滑翔了。

蝙蝠是著名的"夜行侠""活雷达"，虽然它的视力非常差，但是听觉和触觉却很灵敏，拥有超常的回声定位本领，可以在黑暗中导航觅食。它们头部的口鼻部上长着"鼻状叶"的结构，在周围还有很复杂的特殊皮肤褶皱，这是一种奇特的超声波装置，能连续不断地发出高频率超声波。如果碰到障碍物或飞舞的昆虫时，这些超声波就能反射回来，然后由它们的大耳郭接收，使反馈的讯息在它们微细的大脑中进行分析。这种超声波探测灵敏度和分辨力极高，使它们根据回声不仅能判别方向，为自身飞行路线定位，还能辨别不同的昆虫或障碍物，进行有效的回避或追捕。蝙蝠就是靠着准确的回声定位和无比柔软的皮膜，在空中盘旋自如，甚至还能运用灵巧的曲线飞行，不断变化发出超声波的方向，以防止昆虫干扰它的信息系统，乘机逃脱的企图。

蝙蝠在维护自然界的生态平衡中起着很重要的作用，各种食虫类蝙蝠能消灭大量蚊子、夜蛾、金龟子等害虫，一夜捕食达 3 000 只以上。蝙蝠所聚集的粪便还是很好的肥料，对农业生产有用，经过加工的蝙蝠粪被称为"夜明砂"，是中药的一种。蝙蝠还是研究动物定向、定位及休眠的重要对象，蝙蝠对人类是有益的。

●知识点拨

蝙蝠与超声波雷达

蝙蝠是靠自身发出的超声波来引导飞行的，科学家通过模仿蝙蝠按照目标情况随时调整脉冲参数和调整方向的探测方法，提高了雷达的灵敏度和抗干扰能力。还通过模仿蝙蝠回声定位功能原理，仿制出用于军事的声呐眼镜。

丛林中的"机灵鬼"——黑猩猩

提起黑猩猩，人们就会想到那个与人类最为相似的可爱的高等动物们。它们是猩猩科中最小的种类，体重大约在45—80千克。身体长满黑色的短毛，头比较圆，面部为灰褐色，大耳朵向两旁突出，眼窝深凹，眉脊很高、臂长腿短，站立时臂可以垂到膝盖下面，能以半直立的方式行走。

黑猩猩大多胆大，好奇，记忆力和理解力较强，具有一定思维能力。能分辨大多数颜色，具有多种面部表情，还能使用简单工具，智商在动物中名列前茅，有"机灵鬼"的称号。它们模仿、学习能力很强，经过训练不但可掌握某些技术、手语，而且还能动用电脑键盘学习词汇，其能力甚至超过两岁儿童。它们能使用并加工工具，例如把树枝上的叶子摘去，然后将其截为适当的长度，用来掏白蚁窝中的白蚁，等白蚁从窝中爬出来，就把它们当点心吃。黑猩猩还会用长木棍抽打树上的果子充饥，用手挥动树杆威胁敌人，还会以树枝利用杠杆原理来撬开东西，甚至还会寻找一些草药，自己治疗肠胃疾病。当它吃饱了，感到口渴，四周找不到水喝，有幸在一个树节孔洞里找到了水，可是这个孔又小又深，它的嘴伸不进去，就抓抓头皮想起办法来：它迅速摘下几片树枝，放在嘴里嚼成海绵状的渣子，然后把这团"海绵"塞入树洞里，等吸足了水就拿出来，吸吮其中的水分。如此反复，直到解渴为止。要是找到树节孔再大些的话，它会把树叶卷成勺子，从洞里舀水喝。

黑猩猩分布于非洲的赤道附近，栖息于热带炎热潮湿、地势不高、高大茂密的落叶雨林中，大多在森林的边缘地带活动，喜欢群居生活，群体的大小不一，有时3—5只，有时可达到30—50只。它们能和睦相处，互相帮助，如果遇到较大猎物时，就群起而攻之。它们一般栖息在树上，爬树的本领较强，有一定的活动范围，但栖息地点不固定，不在一处久居。它们白天在地下活动的时间较多，在森林里随处觅食，午后就停留在一处玩耍和休息，并开始准备筑巢，将带叶的大小树枝互相穿插，铺筑在离地面4—5米枝繁叶茂的树上。到了黄昏时就纷纷上树去睡觉，一直睡到次日清晨日出以后。

从20世纪60年代初开始，一些科学家深入到非洲的莽莽森林中，在原始的自然条件下对野生黑猩猩的生活习性进行了长期的观察和研究。发现群居的黑猩猩每群中必有一只雄性黑猩猩担任"首领"，雌黑猩猩及其子女常相聚在一起。它们性情活泼好动，行动敏捷，时常在茂密的枝蔓玩一些"打秋千""捉迷藏"之类的游戏。主要以植物的果实、树叶、幼芽、花卉、树皮和嫩根为食，有时也吃昆虫和兽肉，它们常集体捕食共同分享。成熟的雌猩猩3—5年才生一只幼仔，对后代的照顾非常周到。

黑猩猩是现存的与人类亲缘关系最近的动物，与人类的DNA差异只有1.2%，具有和人一样的生动表情，当遇到同伴表示高兴时，就大声喊叫，拍打胸脯，甚至和对方拉手、拥抱。不高兴时就咆哮或发出尖叫，厮打、追逐对方。闲暇时，几个黑猩猩就挤在一起，互相梳毛、挠痒痒、捉虫。不知道黑猩猩再经过几百万年的进化会变成什么样子，不过，它作为一个生物物种会继续生存下去。作为我们人类，应当担负起保护自己最接近的"亲属"的责任。

陆地上的"大力士"——大象

大象是陆地上最大的哺乳动物，它们皮厚毛少，皮肤有很多褶皱。头很大，两侧长着扇形的大耳朵，粗壮的四肢支撑着庞大的身躯，鼻与上唇愈合成圆筒状灵巧的长鼻子，能随意卷起粗重的物体，不愧为陆地上的"大力士"。

大象分为非洲象和亚洲象两种，喜欢栖息在丛林、草原和河谷地带，过着群居的生活。大象是草食性动物，食量极大，每日食量225千克以上，每天要喝140—230千克的水，每天要有16个小时用来采集食物。它们的消化系统效率不高，只有40%的食物可以被吸收，有60%的食物被排泄出去。大象是哺乳动物中最为长寿的动物，平均寿命约80

年，有的甚至活到100多岁。

大象庞大的身躯总给人以笨拙之感，其实，它是很灵活的。在草原上，大象能用每小时20公里的速度奔跑；在山地上，大象又能轻松地翻山越岭。它还很聪明，记忆力很强，经过训练后，能成为杂技团的"明星"，表演跳舞、吹口琴、按摩等节目，在日常生活中帮助人们搬运货物，甚至还能帮助人们照顾孩子。做这些活动都得益于它的长鼻子，大象的鼻子是一条由肌肉组成的、能灵活运动的长管子。它不仅能呼吸，有灵敏的嗅觉，可以闻到80米以外的气味，还能像人类的双手一样取食、洗澡、搬运重物、吸水解渴、甚至能捡起细小的针。能通过触摸和闻来和同伴交流，在遇到危险时，象鼻又成为有利的攻击和自卫的武器，它会把敌人卷起来，然后狠狠的甩出去。看来，象鼻还真够神通广大的。

大象的本领还真不少，它还是一名出色的游泳健将呢！在陆地上，大象显得有些灵巧不足，但是潜入水底，数吨重的大象不仅可以姿势优美地游泳，而且速度不慢，动作灵巧。它们游泳时，会沉下身子，四肢会用力地踩水，鼻子也会疯狂地摇动，样子极其专业，每小时可以游2—3公里，连续游上5—6个小时，多宽的大河也挡不住它。大象潜水过河，它的长鼻子总会举出水面，人没有长鼻子，为了获得水中呼吸自如，模仿象鼻子发明了呼吸管。

大象还有吃石头和泥土的嗜好，它们为了预防营养不良，会定期吞食富含矿物盐的岩石或泥土来补充盐分和养分。由于大象毛少，皮厚有褶皱，容易生皮肤病，所以特别喜欢洗澡，洗澡的种类也多种多样：有清水浴、泥巴浴、灰尘浴等。你一定会说，泥巴和灰尘不是越洗越脏吗？其实，大象是用泥巴和灰尘来保养和按摩皮肤。在非洲的烈日下，身上涂一层厚厚的泥巴，是不是很像涂上了一层防晒霜？而且，还是纯天然的！

大象都生活在热带地区，面对炎炎烈日，大象有自己独特的降温方式。它会用力扇动大耳朵，因为它的大耳朵上布满血管，血液的流动可以散发热量，以达到降温的目的。此外，大象还会找到水源，用长鼻子吸满水，喷到背上，来个"淋浴"，既讲卫生又达到物理降温的目的，真是一举两得。

大象是一个团结友爱、感情丰富的大家族，在寻找食物的路上，身强力壮的雌象走在最前方，小象走在中间，受到大家的保护，雄象在后面压阵。当有小象受伤或生病时，雌象就会用长鼻子轻轻抚摸小象后背，使小象感受到温暖和母爱。当有的大象死去时，象群就会发出痛苦的哀号，用石头和草木把同伴的尸体埋葬起来，围绕着"象墓"久久不愿离去。

象牙可以制成珍贵的工艺品，这给大象带来了灾难，人们捕杀大象获取暴利，大象因人类贪婪的捕猎和无情地破坏环境而数量减少，正面临绝种的危机。保护这些人类的朋友、世界的珍稀动物已势在必行！

深海打捞员——海狮

海狮是海洋中的食肉类猛兽，吼声如狮，个别种类颈部长有鬃毛，又很像狮子，故而得名。海狮的鳍脚较长，以鳍脚和尾部为支撑，能在陆上站立和行走，速度很慢。主要生活于南极海洋性岛屿周围海域。

海狮游泳的本领很高，在水中可以很轻松地捕鱼，最高可以潜入270米的海底。它的四脚像鳍，很适于在水中游泳。海狮的后脚能向前弯曲，使它既能在陆地上灵活行走，又能像狗那样蹲在地上。虽然海狮有时上陆，但海洋才是它真正的家，只有在海里它才能捕到食物、避开敌人，因此一年中的大部分时间，它们都在海上巡游觅食。

海狮是一种十分聪明的海兽，经过驯养之后的海狮，能表演顶球、倒立行走以及跳越距水面1.5米高的绳索等技艺。海狮的胡子比耳朵还灵，能辨别几十海里外的声音。自古以来，物品沉入海洋就意味着有去无还，可是在科学发达的今天，一些宝贵的试验材料必须找回来，比如从太空返回地球而又溅落于海洋里的人造卫星，以及向海域所做的发射试验的溅落物等。当水深超过一定限度，潜水员也无能为力。海狮凭着高超的潜水本领，帮助人们来完成一些潜水任务。专家针对海狮嘴馋，特别喜欢吃鱼和乌贼的习性，对它进行打捞训练。通过训练，海狮能朝着音响信标潜游达230米深。音响信标发出音响信号，海狮能在550多米的距离上听到。给它戴上抓取设备，它便可按照人的指令下海执行打捞任务。美国海军特种部队中的一头海狮，在一次执行任务中，在一分钟内将沉入海底价值10万美元的火箭取上来。现在，美海军把训练有素的"海狮兵"正式编入近海作战部队，专职潜水打捞。

海洋中的巨无霸——鲸

鲸是生活在海洋中的哺乳动物，体形是世界上存在的动物中最大的。身体呈梭形，头部大，眼小，外耳完全退化，颈部不明显。前肢呈鳍状，后肢完全退化，多数种类背上有鳍，尾呈水平鳍状。

鲸虽然外形很像鱼，而且一生都生活在水中，但是它并不是鱼，因它不是冷血动物，而是温血动物；它不是用鳃呼吸而是用肺呼吸；并且它不是卵生而是胎生的，因此它不是鱼而是生活在水中的哺乳动物。

鲸的视力极度退化，只能看17米远。那么它是靠什么来进行觅食和导航的呢？原来它有一套天生的高灵敏的回声测距本领。它的鼻孔能发出频率范围极广的超声波，这种声波遇到障碍物即反射回来，形成回声。鲸根据这种声波往返的距离来准确地判断障碍物的距离，误差很小，使自己遨游大海时也不会迷失方向。它们还能用这种超声波在危难时及时通知其他鲸群来求救或是一起逃跑。

鲸的潜水本领在哺乳类中是无所匹敌的。其中胆鼻鲸和抹香鲸分别能潜水120分钟和90分钟，堪称"潜水冠军"。露脊鲸和大须鲸分别能潜水60分钟和40分钟，但一般是每潜水10—15分钟就在海面上休息5—10分钟。鲸能够长时间地遨游水下，获得足够的氧气供应，是因为鲸的肌肉中肌红朊——呼吸色素特别多，可大大增加对氧气的储备；而且鲸的血液比较多；再者鲸在潜水时心搏减慢，部分血循环闭锁，减少氧气消耗，能够保证脑和心脏等对缺氧极为敏感的重要器官的氧气供应；鲸的动脉或静脉在途中分成无数很细的分支，蜿蜒曲折，错综复杂，末端又逐渐汇合，构成特殊的血管网，潜水时通过血管网的调节，脑部的血液供应可以不受心律变化的影响；潜水时鲸的中枢系统对二氧化碳的刺激毫无反射，所以它能屏气很长时间。

鲸还会喷水，它的鼻孔直接长在头顶上，它在出水换气时，常将喷气孔附近的海水一起喷上去，形成雾柱，俗称喷水。各种鲸喷出的雾柱形状和高度互不相同，蓝鲸喷水最高可达两层楼高。鲸的鼻孔叫喷水孔，鲸睡觉时，它在水面浮动，喷水孔仍留在水面上。

鲸的食量大得惊人，比如蓝鲸一张口，就能吸进十几吨海水，它将嘴一闭，就把海水从嘴边的空隙及鼻腔上边的两个大排气孔排出，把食物巧妙留下，吞进肚里。蓝鲸这巨大无比的躯体是任何陆地动物都望尘莫及的。当它摆动又粗又重的尾巴时，其功率可达500马力，能轻而易举地带动一条大船前进。鲸还有这样一些本领：从静止不动到全速游动，又能马上"刹车"；既能快速下潜，也能快速上浮。这些本领，是任何舰艇都无法比拟的。

栖息于南大洋的鲸分为两大类：须鲸类和齿鲸类，有12种之多。较大型的须鲸有蓝鲸、鳍鲸、座头鲸、巨臂鲸和露脊鲸等；较大的齿鲸有抹香鲸和虎鲸等。其中个头最大的是蓝鲸，数量最多的是鳍鲸。巨臂鲸和露脊鲸现在几乎被捕尽杀绝，幸存者为数不多。

● 知识点拨

鲸鱼和潜艇的"鲸背效应"

当代核潜艇能长时间潜航于冰海之下，但若在冰下发射导弹，则必须破冰上浮，这就碰到了力学上的难题。专家从鲸鱼每隔10分钟必须破冰呼吸一次中得到启迪，在潜艇顶部突起的指挥台围壳和上层建筑方面，做了加强材料力度和外形仿鲸背处理，果然取得了破冰时的"鲸背效应"。

穿铠甲的穿山甲

　　穿山甲，地栖性哺乳动物。体形狭长，全身有鳞甲，四肢粗短，尾扁平而长，背面略隆起，不同个体的体重和身长差异极大。头呈圆锥状，眼小，吻尖，舌长，无齿、耳不发达。全身鳞甲如瓦状，鳞甲从背脊中央向两侧排列，呈纵列状。鳞片呈黑褐色。

　　穿山甲具有挖穴打洞的本领，挖洞之迅速犹如具有"穿山之术"，一天可以挖一条5米深，10余米长的隧道。它的四肢比较粗壮，前、后肢上各有5趾，趾端上的爪子粗大而锐利，尤其是前肢的中趾和第二、四趾，非常适于挖洞，甚至连单层砖墙也能挖通。它挖洞时用粗大的尾巴钉住后方的地面，用前肢上的利爪挖土并推向后方，再由后肢把刨出的土向后推出。有时它先用前爪把土掘松，将身子钻进去，然后竖立起全身的鳞片，形成许多"小铲子"，身体一边向后倒退，一边把挖松的土铲下，拉出洞外。前进时，则将全身的鳞片闭合，又形成许多把瓦工的"抹子"，将洞顶刮抹得平滑而坚固。有人计算过，穿山甲每小时可以挖土64立方厘米，所挖出的泥土的重量相当于它的体重。为了适应洞穴里氧气不足的环境，穿山甲的耗氧量大大小于其他哺乳动物。

　　穿山甲的防御本领也很强，由于"铠甲"在它的生活中作用很大，所以不管遇到什么情况，总是先将身体缩入其中，用利爪做武器与敌害搏斗，把整个身子缩成一团，用宽宽的尾巴包住头部，形成球状，一动不动，而且还会从肛门中喷射出一股含有臭味的液体，使捕食它的动物无从下手，只得悻悻而去。

　　穿山甲还具有上树和游泳的本领。穿山甲上树时用尖锐的爪子钩住树干，并用强大的尾巴做支撑，较为灵便，下树时显得笨拙一些，只好把长长的身体蜷缩成一团，滚到树下，因为有鳞甲的保护，不管爬得多高，摔到地上也会安然无恙。由于穿山甲全身皮下有1厘米厚的脂肪层，鳞片的空隙中也能存贮空气，所以平常也喜欢洗浴，清洁身体，游泳时也显得很轻松，头和背部都可以露出水面，甚至可以泅渡较大的河流。每当居住的地方食物缺乏的时候，穿山甲就运用这些技能穿越山岭和小溪，进行迁移，寻觅新的栖身之地。

穿山甲还具有引诱蚂蚁的本领。它将身上的鳞片张开，散发出一种能把蚂蚁群吸引到它身上的气味，先让蚂蚁帮助它清除甲片之间的污物，然后再把鳞片收拢，猛烈地抖动身体，使身上的蚂蚁纷纷落到地上，再把它们统统吃掉。或者跳到水中张开鳞甲，使蚂蚁漂浮在水面上，然后饱食一顿。

穿山甲虽然没有牙齿，但有细长而柔软的舌头，不仅善于伸缩，而且舌表面还有黏性。它只要设法把长舌伸入蚁巢中，被粘住的蚂蚁就成为它的美味食品了。穿山甲的食量很大，一只成年穿山甲的胃最多可以容纳500克白蚁。据科学家观察，在250亩林地中，只要有一只成年穿山甲，白蚁就不会对森林造成危害，可见穿山甲在保护森林、堤坝，维护生态平衡、人类健康等方面都有很大的作用。

嗅觉专家——狗

狗是一种常见的犬科哺乳动物，是人类最忠实的朋友，也是饲养率最高的宠物。

狗具有出色的听觉能力。狗的耳朵有很薄而又极富韧性的耳郭，耳根有一块手指甲大小的肌腱，能牵动耳郭像雷达天线一样地灵活转动，可以使耳郭大面积地朝向发声物，这使得狗有分辨微声的特殊本领。狗耳内有一张极薄的鼓膜，能在1—5万赫兹的音频振动下引起共振，这要比一般动物听觉灵敏得多。这就是说，狗能听见低音和很大范围内的超声，它的听力是人类的16倍。并且狗的视角是宽阔的，双眼可达到250度。所以狗可以眼观六路，耳听八方。

狗有惊人的归家本领，能从百里千里之外返回主人家中。狗归家能力的生理基础，不同的观点很多。有人认为，狗本身便具备方向感或是归家的本能，还有一些人认为，狗的记忆力超强，狗永远也不会忘记曾经和它有过亲密相处的人的声音，甚至是以前住过的地方也能很清楚地记得。但也有人认为狗是靠它的感官灵敏性，即灵敏的方向感来识别熟人的声音和认识地方以及寻家的。此外，狗还具有超常的记忆力、迅速反应力以及速跑、搏斗等方面的能力。这些都为狗能成为人类精干的助手提供了有利的条件。

狗还具有比较独特的防御本领。狗的食管壁上有丰富的横纹肌，呕吐中枢发达。当吃进毒物后能引起强烈的呕吐反射，把吞入胃内的毒物排出。狗的唾液腺发达，能分泌大量唾液，唾液中还含有溶菌酶，具有杀菌作用。在炎热的季节，依靠唾液中水分蒸发散热，借以调节体温。因此，在夏天我们常可以看到狗张开大嘴，伸出长长的舌头就是为了散热。狗的后肢骨骼强壮，肌肉发达，因此，狗也是跳高能手，最高可跳过5米的障碍物。

在动物界中，狗鼻子确实是最灵敏的，它能闻出上千种物质的气味。军犬凭嗅觉能识别路途，判断敌情，机灵地闻出敌人的足迹，跟踪追击。猎犬闻到野兽气味时，会屏住呼吸停下来，用鼻子判断野兽所在的地方，协助猎人捕获。苏联有种狼狗，能帮助人找到泥土里的矿石。瑞典科学家训练和使用探矿狗，成功地找到地下十多米深处的黄铜矿。

狗鼻子为什么这样灵敏呢？原来，狗的鼻腔黏膜上面长有许多嗅觉细胞，比如一种牧羊犬的鼻黏膜上竟有2.2亿个嗅觉细胞，在鼻腔里占的面积达150平方厘米，而人的嗅觉细胞只有500万个，因此狗的嗅觉比人灵敏得多。狗鼻腔里的黏膜和鼻子尖端表面的黏膜组织，经常分泌黏液来滋润嗅觉细胞，它才能够把各种气味通过嗅神经传到大脑，否则，狗鼻子就会失灵。

● 知识点拨

狗与"电子警犬"

狗的嗅觉比人灵敏100倍，根据气味，狗几乎可以找到任何要找的东西。经过训练的警犬可以给人以启示。模拟警犬的嗅觉，人们制成了一种电子仪器——"电子警犬"，已经在化工厂用作检测过氯乙烯毒气，测定浓度达到千万分之一。该仪器的工作原理，是基于不同物质对紫外线的选择性吸收，当气味物质从紫外线灯与检测器之间通过时，一部分紫外线被吸收，这样便可测定物质的性质和浓度。这种"电子警犬"可以检测染料、漆、树脂、酸、氨、苯、瓦斯以及新鲜的苹果和香蕉的气味，其灵敏度已经达到狗鼻子的水平。另一种在某些方面比狗鼻子灵敏1 000倍的"电子警犬"，也已用于侦缉工作。

狗是人类的朋友，是人类精干的助手。

乖巧伶俐的猫

猫是一种小型猫科动物，因善于捕鼠而闻名于世，被认为是理想的食肉动物，几乎不吃任何植物。现在，猫已成为全世界家庭中极为广泛的宠物。

猫的警惕性很高，平时对轻微的声音或潜在的危险都保持着警惕性。它总是想办法把自己置于有利的位置，一旦掌握了主动权，它便会迅猛出击，伸出利爪，向猎物进攻。猫是一种有耐心的动物，为了捕捉猎物，它经常蹲伏暗处，半眯着眼一动不动地静等猎物的到来。

猫的视觉记忆极好，具有识路的本领。当它们无法用视觉记忆时，就会用地面上的地磁网络来给自己带路。有趣的是，当猫被带离家时，它们不用看就能记住路程。即使把它装进袋子里，它们也能毫不费力地记住回家的路。

猫是如何感受到这种地球的电磁场的呢？原来在猫咪前爪和后爪的腕关节处，有微小的金属磁性颗粒，这种颗粒只有通过扫描电子显微镜才看得到。这是在骨骼里由精微磁体形成的磁性感官。

猫的视力很敏锐，在光线很弱甚至夜间也能分辨物体，而且猫也特别喜欢比较黑暗的环境。在白天日光很强时，猫的瞳孔几乎完全闭合成一条细线，尽量减少光线的射入，而在黑暗的环境中，它的瞳孔则开得很大，尽可能地增加光线的通透量。猫的瞳孔的阔大和缩小就像调节照相机快门一样迅速，从而保证了猫在快速运动时能够根据光的强弱、被视物体的远近，迅速地调整视力，对好焦距，明视物体。不过，猫是色盲，在它的眼中，整个外部世界都是深浅不同的灰色。猫每只眼睛的单独视野在150度以上，两眼的共同视野在200度以上，而人的视野则仅有100度左右。猫只能看见光线变化的东西，如果光线不变化猫就什么也看不见，

猫的反应和平衡能力首屈一指。看到猫在高墙上若无其事地散步，轻盈跳跃，不禁折服于它的平衡感。这主要得益于猫的出类拔萃的反应神经和平衡能力。它只需轻微地改变尾巴的位置和高度就可取得身体的平衡，再利用后脚强健的肌肉和结实的关节就可敏捷地跳跃，即使在高空中落下也可在空中改变身体姿势，轻盈准确地落地。

猫的胡子可以明察秋毫。猫嘴的两侧、脸颊、下巴等处长着胡子。胡子根部布满神经，轻微的动静都能察觉，据说2毫克的东西拂过都能感受到，而且连气流、风向都知道。很少听说，猫会撞上什么东西或者东张西望时会踩空，这都得归功于猫的胡子——这把出色的尺子。猫就是根据这一圈胡子来判断自己能否通过狭小的地方。因而要是把猫的胡子剪掉半截的话，绝对不行，猫会变得行动迟缓。

●知识点拨

猫眼与夜视仪

猫的眼睛为什么能在黑暗中看清东西呢？这是因为猫眼的视网膜上具有特殊的圆柱细胞，它能感受夜间的光觉。另外，猫的瞳孔能够根据光线强弱自动调节，白天时光线很强，猫的瞳孔变成一条细缝，而晚上的时候，光线很弱，猫的瞳孔就变成圆形的，这样，猫就可以在不同情况下清晰地看见物体了。在猫眼的启发之下，军事科学家们模仿猫眼研制出了微光夜视仪。现在，这种微光夜视仪除了军用之外，还能进行石油勘探、森林防火、土地规划，以及帮助潜水员铺设海底电缆等。

猫和轮胎

当猫在跑动时，四肢的爪垫会舒展开以使自己安全着地。特别是当它们从很高的地方跳下来，快要着地的时候，它们的爪垫会变得很宽，将惯性冲力传到地面。目前，德国的轮胎设

计专家开始行动了，他们根据猫的前爪垫的功能，设计出一种AMC垫型轮胎。这种轮胎的好处是，当驾驶员刹车的时候，轮胎与地面的摩擦力加大，这样可以大大缩短刹车的距离，从而使车辆行驶起来更安全。

草原霸主——狮子

茫茫的大草原，是无数野生动物的家园。每当晨昏，一望无际的草原上便传来震耳欲聋的洪亮吼声，那是这片领土的霸主——狮子在示威，在警告它的臣民，这是我的领土！

狮子可分为两个亚群，非洲狮及亚洲狮。狮子原来分布于除了热带雨林地区以外的非洲各地南亚和中东地区，现在除了印度的吉尔以外亚洲其他地方的狮子均已经消失，北非也不再有野生的狮子。目前狮子主要分布于非洲撒哈拉沙漠以南的草原上，因此现在基本可以算是非洲的特产。

狮子是食肉动物中体形最大的一种。它要站起来的时候，身高可以达到120厘米。雄狮子体重是200公斤，雌狮子是130公斤。雄狮子的特点是体格非常健壮，颈部的鬃毛特别发达。雄性的小狮子在两岁左右开始长鬃毛，但是它壮年的时候鬃毛是最长的。

狮子的捕猎本领很强，会根据地形、喜好和猎物的反击方式采取不同的捕猎技巧，以获取猎物。雄狮通常独自在晨昏时潜藏在较高的草丛后面，等待前来吃草的动物。当猎物相距约30米远时，它们便迅速出击，将猎物扑倒在地，一口咬住猎物的喉管使其丧命。而雌狮在追捕猎物时通常会用群体出击的策略。

狮子是唯一成群生活的猫科动物，具有极强的群体意识。在同一个狮群中，雄狮和雌狮的权利是平等的，只是分工不同。雄狮体格魁梧，是狮群的保卫者，负责整个狮群的安全。雌狮则主要承担捕猎和繁殖后代的任务。雌狮不论白天黑夜都可能出击，不过夜间的成功率要高一些，风对狮子捕食来说一般没多少影响，不过要是遇到大风天，它们可能就会占了便宜，因为风吹草动制造的噪音会掩盖住狮子靠近的声音。狮子们总是协同合作，尤其是猎物比较大的时候。雌狮子总是从四周悄然包围猎物，并逐步缩小包围圈，其中有的负责驱赶猎物，其他则等着伏击。尽管这招看着厉害，但实际上它们的成功率只有20%左右。如果狩猎地比较容易藏身，它们才容易获得成功。一旦吃饱了，它们能五六天都不用捕食。

狮子还是猫科动物中唯一能真正发出吼叫的动物，吼声可传到八九公里以外。狮子的视力极佳，在很远以外就能发现猎物，通常捕食比较大的猎物，例如野牛、羚羊、斑马，甚至年幼的河马、大象、长颈鹿等等，当然小型哺乳动物、鸟类等也不会放过。有时它们还会仗着自己个头大，抢夺其他肉食动物的战果，比如哪只在错误时间出现在错误地点的豹，甚至为此不惜杀死对方。另外，它们还会吃动物腐尸。

狮子大多数在草原上逞威，而老虎通常在森林里称王，我们试想如没有人类活动的阻隔，草原的霸主狮子与森林之王老虎有可能在自然条件下相遇吗？但由于人类的存在，地球上大片的领地都已经被人类占有，动物们昔日的家园今天几乎全部成了野生动物无法逾越的活动禁区。如今，非洲的狮子与亚洲的老虎没有可能在野外相遇了。我们期待着两位威风凛凛的王者并肩而行的画面。

富有团队精神的狼

狼的形态与狗很相似，属于犬科动物，只是眼较斜，口稍宽，尾巴较短且从不卷起并垂在后肢间，耳朵竖立，有尖锐的犬齿。

狼的食量很大，一次可吃掉相当于其体重五分之一重量的肉，当找不到猎物时，也捕食蛇、鸟、蛙、鱼、昆虫及家畜等，几乎什么肉都吃。

狼由一个或数个家族集合成一个大集团，过着群居生活。若雌雄配成对的，感情都很好，会长时间生活在一起，有的甚至终生厮守，彼此照顾极为体贴，这是动物里很少看到的。狼的最大本领是利用群体的作用，捕杀比它们大的动物。每个狼群中都有一定的等级制，每个成员都明确自己的身份，因此相互之间，很少有仇恨和打架的行为。相反，在围捕猎物和共同抚幼方面，还表现出一种友爱与合作的精神。

在狼群里有复杂的社会组织，经过争斗后，以最强壮的一只雄狼当领袖，再和一只母狼形成一对领导者，负责巡逻领域边界，解决成员争端，并控制队伍的迁移。社会秩序的最底层常是被逐出的分子，生活在队伍的边缘，吃狼群的剩余食物维生。狼群的社会系统由很复杂的信号语言建立并维持。这种信号语言包括尾、耳、口及身体的许多动作及发声，显示每一分子的身份及情绪。例如，强者会翘起尾巴来瞪视弱者，而弱者则伏下耳朵。

狼以树洞、岩洞、草丛作为藏身和栖息的处所。在春天繁殖期，狼会在狩猎场附近筑造一些巢穴，有时也将獾或红狐的旧巢加以改造后使用，或用树根的坑洞筑巢。筑巢多由雌狼负责，由雄狼从旁协助。狼如果在洞内筑巢，会先在内部铺些树枝，然后再铺上树叶和母狼身上掉落的毛。

狼群通常有自己狩猎的领域，并有狩猎专用的通道，这些通道有时长达100公里，在这些通道附近，常有各种猎物出没。狼群常在这些狩猎通道上巡逻，并在各处涂上由身体所分泌的臭液或粪便，作为自己领域的标记。

狼是一种发育比较完善、比较成功的大型肉食动物之一。它们具有超常的速度、精力和能量，有丰富的嚎叫信息和体态语言，还有非常发达的嗅觉。它们为了生存而友好相处，为了哺育和教育后代而相互合作，其突出表现在群体社交和相互关心方面，可以说仅次于灵长目动物。因此它们的活动范围伸展到山区、平原、沙漠……几乎遍及全世界！

狼群也许算得上自然界中效率最高的狩猎者。然而它们却有约90%的失败率。据统计，狼群十次狩猎中只有一次是成功的。而这次狩猎对狼群的生存极为重要。为此，狼经常忍饥挨饿，它们对此的反应不是无精打采，它们可不像人类那样垂头丧气或变的消沉。狼群所做的就是再次投身于眼前的工作，继续运用经历了时间考验的技能，再加上它们从暂时的挫折中学到的知识，再次奋争，深信成功会到来，每年奔波千万里寻找猎物，留下它们奋斗的足迹。

森林的宠物——松鼠

松鼠是典型的树栖小动物，它们行动敏捷、性情活泼，长而蓬松的尾巴。小松鼠不仅是人们喜爱的动物，而且还是森林中的宠物。松鼠的耳朵和尾巴的毛特别长，能适应树上生活，它们使用像长钩似的爪和尾巴倒吊在树枝上。在黎明和傍晚，也会离开树上，到地面上捕食。

松鼠喜欢单独在树上居住，有的也在树上搭窝。白天在树上攀登、跳跃，蓬松的长尾起着平衡的作用。跳跃时用后肢支撑身体，尾巴伸直，一跃可达十多米远。松鼠不冬眠，但在大雪天及特别寒冷的天气，用干草把洞封起来，抱着毛茸茸的长尾取暖，可以好几天不出洞，天气暖和了再出来觅食。

采松子这可是松鼠的拿手好戏，无论树木多高，球果长在何处，松鼠都能口到食来。它先将成熟的球果咬断落地，再从树上下来，像灵长类动物那样，用前足扒开球果鳞片，咬碎种皮，取出种子，以松仁为食，有趣的是松鼠受到惊吓时也不轻易放下食物，而是叼着球果逃跑。

松鼠的嗅觉极为发达，它能准确无误地辨别松子果仁的空实，凡是松塔尖上被松鼠放弃的种子都无种仁，虽然这种种子的外壳没有被咬开，松鼠还是一嗅便知。它们除了吃野果外，还吃嫩枝、幼芽、树叶，以及昆虫和鸟蛋。

松鼠还有储存食物的本能，秋季红松子成熟时，松鼠奔来跑去口含松子运送到安全地方藏起来，几粒或十几粒一堆，埋在地下，留作越冬食物。冬天大地虽然被积雪覆盖，但松鼠仍能毫不费劲地找到所藏食物，个别也有遗漏找不到的。但正因为埋在地下遗漏找不到才有助于红松种子的扩散和传播，促进了天然更新。一只松鼠常将几公斤食物分几处贮存，有时还见到松鼠在树上晒食物，不让它们变质霉烂。这样，在寒冷的冬天，松鼠就不愁没有东西吃了。

松鼠的分布十分广泛，几乎遍布整个森林。它的种群数量多少，在很大程度上取决于食物的丰歉。如果连续几年食物丰富，种群数量会明显增多，特别是在松子丰收的年份，外地居住的松鼠也成帮结伙迁移来此落户，第二年就地繁殖，因而数量剧增；如果这个地区松子歉收，松鼠就要举家迁移另找栖息之处，导致该地区数量剧减。松鼠这种随着食物丰歉来决定种群数量的行为，实在是技高一筹，它不仅有助于种群繁衍而且还有利于种群广泛分布。

松鼠没有冬眠的习惯，但在数九隆冬的季节，也畏寒怕冷不很活跃。特别是严冬时出窝时间较短，通常上午9点左右出来活动1—2小时；下午1点多钟再出来活动，其他时间待在窝里不动。松鼠有一个习惯就是不管天气怎么寒冷，它都不在窝里吃食，而是坐在树枝上，面向朝阳，前肢抱着食物送入口中，津津有味地咀嚼品尝，时而竖耳侧听，时而转动双眼环顾四周，举止滑稽，令人发笑。

●知识点拨

松鼠与人体冷藏术

松鼠一般要睡上半年左右，在它酣睡的时候，它心跳减慢，呼吸减缓，体温几乎降到零度，也没什么吃喝拉撒了，这是很多动物都达不到的境界。松鼠为什么能做到呢？科学家解释说：松鼠冬眠的时候，它身上的细胞在低温下会发生一种可逆的调整结构，这种结构的变化使得细胞在低温下也能正常工作。一些美国科学家相信，在冷冻的人体细胞中，也会发现类似的变化，从而发展新的更好的人体冷藏技术。

动物界的怪杰——鸭嘴兽

自然界中有一种动物，它具有哺乳动物的特点，用乳汁喂养幼仔，同时又具有爬行类、鸟类的特点，生殖孔与排泄孔全在一起，生殖方式是卵生，而且还孵卵，它的嘴外形又像鸭子。从发现这种动物到给它定名，这中间经过了漫长的 100 年，在反复琢磨后，科学家们才给它起了一个合适的名字——"鸭嘴兽"。

鸭嘴兽的身体像兽类，全身有浓密的短毛，体形为流线型，身长 50 厘米左右。它的嘴是颌部的延长，外形极似鸭子的嘴。它的嘴里面是角质的，覆盖在角质上面的是一层柔软的、富有弹性的黑色皮肤，皮肤里还有一些特殊的结构，能感觉到动物肌肉里电场的移动。这使得鸭嘴兽的嘴能准确地把藏在水底淤泥里的小动物捕捉到。它的嘴前缘有脊纹，下颌两旁还有"过滤器"，把水挤压出去。

鸭嘴兽有短而粗的四肢，更为特别的是有与它四肢比例不相称的发达的脚，脚上长着蹼。当它在水中游泳的时候，蹼便伸到爪外，当它在陆上的时候，蹼就缩回去，好像一把折扇，可以打开、关上一样。鸭嘴兽的爪极其锐利，当它为自己建造洞穴的时候，其爪好似挖土机，大约 15 分钟就可以挖出深 50 厘米的洞穴。鸭嘴兽的爪子不仅锐利，在雄兽后脚的大拇指上还长着锋利的角质距，终生都存在。这个角质距能分泌毒液，此毒液能使狗很快死去。从鸭嘴兽的头部看不出长着耳朵，实际上它也有耳孔，没有外耳。当它在潜水的时候，耳孔和眼紧靠在一起，耳孔和眼睛上的肌肉褶皱把耳孔和眼睛严密地遮盖起来，水无法进入。

鸭嘴兽喜欢在水边挖洞而居，尤其是在近水的树下建造自己的地下室。地下室有两个洞口，一个在水下，一个在岸上。岸上的洞口容易被敌害发现，鸭嘴兽就在洞口用杂草、碎石伪装起来，这样敌害就不容易发现了。水下的那个洞口主要是为了到水下觅食方便，还有逃避敌害的作用。鸭嘴兽主要在水中捕食小鱼虾、青蛙、螺蛳、蚯蚓等食物。由于它的活动量大所以食量也很大，鸭嘴兽的食量几乎和它的体重相等。有人观察到一只鸭嘴兽一天吃了 540 条蚯蚓，2—3 只虾，还有 2 只青蛙。

鸭嘴兽的体温低，一般体温维持在 26—35℃之间，而且体温随着外界环境的变化而变化，但是变化是有范围的，当环境在 30—35℃持续不变时，它将失去调温能力而死亡。这一生理特点决定了鸭嘴兽生存范围极为狭窄。

狡猾多端的赤狐

赤狐是体形最大、最常见的狐狸。身体细长，吻尖，尾长，尾毛蓬松。毛多为赤褐色。遇到敌害时尾部能分泌恶臭味而乘机逃脱，十分狡猾。

赤狐广泛分布于欧亚大陆和北美洲大陆，还被引入到澳大利亚等地，栖息于森林、灌丛、草原、荒漠、丘陵、山地等多种环境中，有时也生存于城市近郊。它们的住处常不固定，而且除了繁殖期和育仔期间外，一般都是独自栖息。通常夜里出来活动，白天隐蔽在洞中睡觉，长长的尾巴有防潮、保暖的作用，但在荒僻的地方，有时白天也会出来寻找食物。它的腿脚虽然较短，爪子却很锐利，跑得也很快，追击猎物时速度可达每小时50多公里，而且善于游泳和爬树。

赤狐性情狡猾，记忆力很强，听觉、嗅觉都很发达，行动敏捷且有耐久力，不像其他犬科动物多半以追捕的方式来获取食物，而是能想尽各种办法，以计谋来捕捉猎物。

赤狐不但狡猾，还有一身捕食的好功夫。据世界各地狐的食物记录，发现赤狐的食谱中不仅有老鼠、兔子等主食，还吃蛙、鱼、鸟，有时遇上鸟蛋、昆虫、动物尸体等也不放过，由此可看出赤狐贪食无厌。鼠类和兔子这类小动物都有一套高超的避敌本领，它们常常是稍有风吹草动就溜回洞中。而"道高一尺，魔高一丈"，狡猾的赤狐不会甘心让嘴边的美餐溜掉的，它会全力以赴，依靠自己发达的嗅觉，敏捷行动，轻跳巧跃，机警无声地潜近鼠或兔，出其不意，猛冲而获。由此可看出狐捕猎鼠、兔是颇费心机的。赤狐存在一种奇怪的"杀过行为"，荷兰动物学家发现，赤狐在跳进鸡舍后，大约在10分钟将其中的12只鸡全部杀死，最后仅带走1只，而另外11只鸡却弃在舍内。赤狐为什么会出现杀过行为目前仍是一个未解之谜。

赤狐有自己独特的御敌方法。当遇到敌害时，它就会使用身体内藏着的一个秘密武器——肛腺，分泌出几乎能令其他动物窒息的"狐臭"，恶臭的气味使追击者不得不停下来。在危急的情况下，它也能用跳到河里隐藏等方法逃脱。被猎人捉住的赤狐，还有一套"装死"的本领，能够暂时停止呼吸，似乎已经奄奄一息，任人摆布，但乘人不备时，就突然迅速逃走。这些狡猾的行为，都是它高超的生存手段。

赤狐的眼睛适于夜间视物，在光线明亮的地方瞳孔会变得和针鼻一样细小，但因为眼球底部生有反光极强的特殊晶点，能把弱光合成一束，集中反射出去，所以在黑夜里常常是闪闪发亮。

最美丽的灵长类——金丝猴

金丝猴是我国特有的珍稀动物，也是世界上最漂亮的灵长类。它有一张天蓝色的脸，因鼻骨极度退化而形成上仰鼻孔，嘴部突出，头顶上生有黑褐色的冠毛，两只耳朵长在乳黄色的毛丛里，尾巴差不多与身体同长，胸腹面为乳白色，四肢外侧为棕褐色，最吸引人的是它肩背部那如丝状金黄色的长毛，远远望去好像披了一身金丝，非常美丽，它的名字也因此而来。

金丝猴主要分布在我国的四川、甘肃、陕西等地，生活在海拔 1 400—3 000 米的高山密林中，惧怕酷暑而能耐高寒，冬天高山积雪，它便向山腰移动，夏天再回高山上。它们长年生活在树上，过着一种以家族方式群居的生活，群居数量从几百只到上千只，喜欢吃野果、嫩叶、昆虫和鸟蛋等食物。

金丝猴的猴群内部很有温情。例如，热天午睡，母猴总是让幼猴依偎在自己身上，母亲还常常把孩子抱在怀里以示亲热。据说有时母猴面临猎人无法逃脱时，还会给孩子喂上最后几口奶。它们常互相帮助捉虱子、挠痒痒，尤其是母猴更以此作为伺候丈夫的本职工作。天气冷的时候，它们就挤在一起互相取暖。金丝猴对年迈多病的老猴也很照顾，晚辈决不会因为长辈衰老不能自食其力而嫌弃它。每当老猴病危躺下时，其他猴子便围在老猴身边，周到地进行照料，而且个个都愁眉苦脸，泪眼汪汪，显得非常悲伤。猴群转移时，常常可以看到许多金丝猴连背带抬地扶着老猴，搬到新的栖息地。所以人们都非常赞扬金丝猴这种尊老爱幼的美德。

我国有3种金丝猴，即川金丝猴、黔金丝猴和滇金丝猴。它们都是我国的特产种类，与大熊猫齐名，同属"国宝"级动物。它们毛色艳丽，形态独特，动作优雅，性情温和，深受人们的喜爱。不仅具有重大的观赏价值和经济价值，还有很高的学术研究价值。它的毛细软而长，轻而保暖，肉和骨都可以做药，因而遭到人们的捕杀。目前野生的数目很少，只有1 000只左右，近于灭绝。为此，国家把它列为一级野生保护动物，在它的主要分布区建立了自然保护区，同时在各大动物园开展人工繁殖工作，现已获得成功。目前，除我国外，这些稀世珍宝在世界上仅有法国、英国等极少数国家的博物馆中收藏有若干标本。近年新成立的北京濒危动物繁殖中心就是金丝猴人工繁殖的重要基地，在这里我们看到了几十只活泼健康的金丝猴在自由自在地玩耍，让我们看到了金丝猴的未来前景。

未来的霸主——老鼠

老鼠这种小动物的繁殖能力令人叹为观止。作为鼠疫和各种疾病的传播者，一直被人类灭杀，形成了老鼠过街人人喊打的局面，然而，它依然存在。老鼠的生命力可谓顽强，也许，它将成为未来世界的霸主。

老鼠是哺乳动物纲啮齿目大部分种类的通称。现在，世界上大约有1 700种鼠类，它们遍布于除南极洲外的世界各大陆及海洋诸岛，可谓鼠丁兴旺，家族繁盛。

老鼠非常灵活狡猾、怕人，夜出昼伏。出洞时活动鬼鬼祟祟，两只前爪在洞边一趴，左顾右盼，确定安全方才出洞，它喜欢在窝——食物——水源之间建立固定路线，以避免危险。

它们视力灵敏，在昏暗光线下能察觉出移动的物体，白天活动的老鼠视力更好。

人们发明了各种各样的药物来毒杀老鼠，可是有些药物渐渐不灵了。是什么原因呢？科学家经过一系列实验，证明有的老鼠已经具有遗传性的抗药的本领。也就是说，抗药杀已经成为这些老鼠天生的本领，可以代代相传。人们对老鼠的这种适应环境的能力感到惊奇不已。

老鼠还能对付核放射。第二次世界大战后，美国在西太平洋埃尼威托克环礁的恩格比岛和其他岛屿上试验原子弹，炸出一个巨大的弹坑，炸断了所有的树木，蘑菇云不断散发出致命的射线。几年后，科学家来到恩格比岛进行调查，发现岛上的植物和暗礁下的鱼类以及泥土都有放射物质。但岛上的老鼠既没有残废，也没有畸形，而且长得特别壮。老鼠的洞穴虽然能对核放射起一定的防御作用，但它们的生存是不可思议的。老鼠能够经受核屠杀的考验，更使人感到惊愕。

我国大连附近海域有个蛇岛，以蛇多而著称。按理说，那里应该是蛇的天下，而今天的蛇岛却有块"老鼠特区"。原来蛇岛上本无鼠，由于人们迷信，便从陆地捉来几只"老鼠代表"送给"小龙王"——蛇作为美餐，并期望如此使陆地上的鼠患灭绝，然而，吃惯海鸟的黑眉蝮蛇对老鼠不感兴趣，于是，这几只适应能力极强的老鼠有了迅速繁殖的机会。开始，老鼠惧怕它们的天敌——蛇，不敢在岛上觅食，只在海边捡些小鱼、贝类充饥，后来见黑眉蝮蛇无动于衷，竟放胆向其进攻，并逐步形成了自己的"特区"。到了冬天，岛上的黑眉蝮蛇失去自卫能力，反而成为老鼠的美餐。

这些例子说明了老鼠具备出色的生存本领，难怪它们在生存竞争中取得了巨大的成功。首先，它们个体小，但能无孔不入，到处安家。其次，它们食性很广，各种昆虫、蠕虫、众多的植物，甚至肥皂、电线胶皮都能吃得津津有味。再则，其繁殖力极强，家鼠一年产6—7窝，每窝7—8仔，最高纪录达32仔。此外，老鼠还有许多看家本领：听觉灵敏，嗅觉敏锐，抗毒性强，而且警惕性很高。老鼠的足迹遍布森林、草原、沙漠等各类生态环境，它们能够爬上笔直的墙，能在水里游行800多米，甚至能在原子弹爆炸过的岛屿上生存下来，真是本领高强！

爱涂泥浆的犀牛

犀牛脚短身肥，皮厚毛少，眼睛小，角长在鼻子上，是第二大陆生动物。犀牛的皮肤虽很坚硬，但其褶缝里的皮肤十分娇嫩，常有寄生虫在其中，为了赶走这些虫子，它们要常在泥水中打滚抹泥。现在世界上共有黑犀牛、白犀牛、印度犀牛、苏门答腊犀牛和爪哇犀牛5种犀牛，都生存在非洲和亚洲温暖区。

犀牛虽然躯体大，相貌丑陋，却很胆小，是不伤人的动物。一般来说，它们宁愿躲避而不愿争斗。不过它们受伤或陷入困境时却异常凶猛，往往盲目地冲向敌人。它们虽然体形笨重，但仍能以相当快的速度行走或奔跑。非洲黑犀牛在短距离内能达到每小时45公里的速度，而且它们的头脑比较迟钝，视觉很差，但嗅觉和听觉敏锐。一些大型猫科动物，如狮、虎等有时偷猎幼犀，但成年犀牛除人类外是没有敌人的。

犀牛的角非常特别，不是骨质的，而是起源于皮组织。由于犀牛角根下部的头颅非常坚厚，而且隆起成为拱形，所以当犀牛搏斗顶撞时，碰在角上的力可以均匀地散失，因而若无其事，没有痛的感觉，具有一种高度的耐受疼痛的本领。犀牛正是靠自身的坚硬铠甲，加上匕首般锋利的尖角，在田野里、山林中横行无忌，所向披靡。

犀牛还有一个忠实的"小朋友"——犀牛鸟。这些小鸟经常站在它们身上，啄食犀牛身上的寄生虫和它们行走时踢起来的昆虫，犀牛鸟嘴巴尖长，无拘无束地在犀牛背上走来跳去，不停地在犀牛的皮肤褶皱处觅食小虫，所以有人称犀牛鸟为犀牛的"私人医生"。另一方面，这些小鸟还起着"哨兵"的作用，稍有异常它们便鸣叫着飞离犀牛身上，使犀牛及时得到"警报"。犀牛接到报告，立刻警觉起来，做好迎战准备，这是自然界中和谐共生的一个生动景象。

犀牛一般都单独生活，但非洲的白犀牛通常结成小群在一起。它们主要在傍晚、夜间和清晨活动，白天在茂密的丛林或草丛中休息，休息场地有时距水源数公里远。

犀牛最喜欢在泥水和多沙的河床中跋涉和打滚，打滚对犀牛来说非常重要。犀牛在河床里打滚是一种不让蚊虫叮咬的有效办法，同时，还可以保持身体的凉爽。有时，体重超过一吨的犀牛具有攻击性，据说犀牛会向车辆或营火发起冲击，会用前角将人高高抛起。然而，犀牛的视力很差，全靠敏锐的听觉和嗅觉确定侵入者的位置。

犀牛多数生存于开阔的草地，灌木林或沼泽地，其中苏门答腊犀牛现在只能在森林深处找到。它们睡觉的姿势很特殊，有时卧倒，有时站着入睡。它们激动时会发出"嗯嗯哼哼"的鼻音和尖叫声。喜欢在固定的地方排便，积攒成堆，还经常用角在粪堆周围掘出沟。这些粪堆起着划分它们地界标记的作用。它们还在一些地方排尿和蹭上气味，以标出地界。

犀牛的最大威胁是人类。由于国际市场还是对犀牛角有所需求，盗猎者因此可获得非常高的经济利益。在中国大陆、韩国和一些东亚国家，犀牛角被制成传统药材。阿拉伯国家把犀牛角看作社会级别的象征；在也门和阿曼，犀牛角被用来制作仪式上使用的匕首手柄。人类的大肆捕杀，犀牛的数量已经非常稀少，目前被列为国际保护动物。

护肤有术的河马

河马是源自非洲的大型草食性哺乳类动物。它们吻宽嘴大，四肢短粗、躯体像个粗圆桶，眼睛、耳朵、鼻孔都长在头顶。这使它们可以大多数时间在水中乘凉、防晒。主要居住在非洲热带的河流间。它们喜欢栖息在河流附近沼泽地和有芦苇的地方。生活中的觅食、产仔、哺乳也均在水中进行，是世界上嘴巴最大的陆生哺乳动物。

河马的身体由一层厚厚的皮包着，皮呈蓝黑色，上面有砖红色的斑纹，除尾巴上有一些短毛外，身体上几乎没有毛。雄性河马到成年时还会长，但雌性河马到25岁时便停止成长。虽然河马看起来高大笨重，它们比最快的短跑运动员跑得还快，时速达每小时30公里到每小时40公里，最快的可达每小时48公里。

河马潜水本领极高，在受惊时，一般避入水中。每天大部分时间在水中，潜伏水下时一般每3—5分钟把头露出水面呼吸一次，可潜伏约半小时不出水面来换气。它们的皮肤长时间离水会干裂，河马的皮格外厚，皮的里面是一层脂肪，这使它可以毫不费力地从水中浮起。当它们暴露于空气中时，皮上的水分蒸发量要比其他哺乳动物多得多，这使它们不能在水外呆太长的时间。出于这个原因，河马必须待在水里或潮湿的栖息地，以防脱水。当河马潜入水中，一种特殊的阀门会自动封闭它的耳孔和鼻孔，但这并不影响它在水下的听力和通讯能力，被封闭的气孔中会发出"嗡嗡"和"嘀嗒嘀嗒"的声音，听起来与海豚发出的声音相似。

河马具有天生的护肤本领。它们的皮上没有汗腺，但却有其他腺体，能够分泌一种类似防晒乳的微红色潮湿物质，并能防止昆虫叮咬。和所有厚皮动物一样，河马对蚊虫的叮咬非常敏感。也正因为这一点，它将各种食虫鸟奉为上宾，并与它们保持着友好的共生关系。河马汗液有很大科研价值，河马汗液呈红色，常被称为"血汗"。这种神奇汗液能使河马长期暴晒于烈日下的皮肤不受损害，还有强大杀菌功能。

河马成对或结成小群活动，老年雄性常单独活动。它们几乎整个白天都在河水中或是河流附近睡觉或休息，晚上出来吃食，有时会顺水游出30多公里觅食。主要以水生植物为食；偶食陆地作物，以草为主，有时到田地去吃庄稼，食物短缺时它们也吃肉。河马不在一个地方长期停留，每隔数日便迁到新地方去。

河马是草食动物，但是獠牙长十厘米，自卫攻击时足以将粗大尼罗鳄咬成两截。母河马为保护小河马极具领域攻击性，每年非洲有数十人接近水边遭河马攻击丧命。

有趣的狗熊

狗熊又叫黑熊，它们全身毛色漆黑如墨，略带光泽，只是鼻子和吻部的毛发黄，胸前有一道"V"字形白色斑带。它分布面极广，在北方分布于大、小兴安岭、长白山地区；南方分布在福建、台湾、广东、广西等地。

狗熊是陆上食肉动物中体形最大的一种。它力大无比，一巴掌扇过来足有一二百斤重，狍子、野猪、狼都不是它的对手。兔子、野雉、活鱼它都爱吃，也爱吃蚂蚁和蜂蜜。

狗熊见到蚂蚁家直流口水，它啪啪几巴掌就把蚁家扇垮，只见千万只蚂蚁乱成一团，于是它就一屁股坐在地上，用舌尖舔湿前掌，拍打蚁群，然后将粘满蚂蚁的前掌举到嘴边舔入嘴内，吃得津津有味，不一会儿便吃得一干二净，连那白色的蚁卵也不剩下。有趣的是它会根据蜜蜂飞行的方向寻找蜂巢，常因捅了蜂巢而被蜇得鼻青脸肿，它一边逃一边抓脑袋，有时还痛得直叫，可是痛过就忘，下回还会再去捅蜂窝。它食性很杂食量很大，树皮、草根、嫩叶、野果都是它的食物，也吃红薯、土豆和玉米，它到过的庄稼地，糟蹋的比吃的厉害得多。它常夜间闯入玉米地，站起身子，用前掌扳一个玉米夹在腋下，然后再扳第二个再夹在腋下，可是不知第一个玉米已掉地上。这样忙了一整夜，破坏了大片庄稼，而它自己只拿到一个玉米，真是一个傻大个儿。

狗熊的视力很差，是一个天生的近视眼，离400步就看不见了，故人们都称它熊瞎子。但是它的听觉和嗅觉非常灵敏，顺风时能闻到半公里以外的气味，能在300步以外听到人的脚步声。它既会游泳又会爬树。它的掌会像桨一样划水，能迅速游过山涧急流；它的爪子弯弯的，利如刀刃，爬起树来又快又稳，七、八米高的大树只需二、三分钟就能爬上去，平均一分钟能爬3米高，可是下树就较困难了，常常抱着树干往下滑，有时干脆一屁股摔下来，"嘭"的一声巨响，吓得周围的飞鸟走兽赶紧逃命。它对尸体和腐肉也照吃不误。

狗熊一般不主动伤人，常常闻人声即逃，只要人不去主动伤害它，它也不会主动攻击人，所以遇到狗熊时只要站着不动，它也就看你一眼，继续走它的阳关道。相反地如沉不住气，想驱赶或打击它，便会遭到反击。不过狗熊在受伤或护仔时特别凶猛，能主动攻击人。

每年11月至第二年3月为狗熊的冬眠期。冬眠前，它每天几乎要花

20个小时去寻找营养丰富的食物，以储备足够的能量。冬眠时，它不吃不喝处于深睡状态。与其说是冬眠期还不如说是贪睡期，因在这期间它的体温与新陈代谢都保持正常，不过代谢水平大大下降而已。偶尔还会起来活动，受到惊扰可随时醒来应战，反应能力和平时一样敏感，凶猛地冲出洞穴，这时的狗熊最易伤人。

臭液御敌的臭鼬

臭鼬是产于北美洲和中美洲的一种鼬科哺乳动物，体形大小如家猫，长着一身醒目的黑白相间的毛皮，一般生活在树林、草原和沙漠中，因善于用奇臭的腺体分泌物作为防卫武器而得名。

臭鼬的头、耳、眼均小，四肢短，前足爪长，后足爪短尾巴长并似刷状，头部亮黑色，两眼间有一狭长白纹，两条宽阔的白色背纹始于颈背并向后延伸至尾基部。喜欢挖洞而居、用草叶作为垫巢材料，巢域为10.4公顷左右。

臭鼬有自己独特的御敌本领，那就是用它那特殊的黑白颜色警告敌人。如果敌人靠得太近，它就会低下身来，竖起尾巴，用前爪跺地发出警告。如果这样的警告未被理睬，臭鼬便会转过身，向敌人喷出恶臭的液体，使强敌退却。这种液体是由尾巴旁的腺体分泌出来的，不仅奇臭难闻，而且还有麻痹作用，能使敌害难受几星期。臭液喷到人脸上，会使人昏厥，倘若射入眼中，还会引起流泪甚至造成失明。其强烈的臭味在约800米的范围内都可以闻到，所以绝大部分掠食者，除非它们非常饥饿，一般都会避开。臭鼬由于有了这套本领，经常大摇大摆、毫无顾忌地徘徊在百兽群栖的森林中。

臭鼬一般白天在地洞中休息，黄昏和夜晚出来活动，以甲虫等小型无脊椎动物为主食，兼吃鼠类和果实。不幸的是，许多臭鼬是被汽车撞死的。它们还不知道撞上汽车会有生命危险，面对一辆即将驶过来的汽车，它们往往站在那儿翘起尾巴，希望能把汽车吓走。

●知识点拨

臭鼬与电子战斗机

大家都知道，臭鼬在遇到敌害时会放出异常难闻的臭气，自己则趁机溜之大吉。美国科学家模仿臭鼬的逃生本领，研制了一种专门对付防空雷达电波的电子战斗机。它配有高灵敏电子侦察接收机，能快速、可靠地发现雷达电波，并判断其危险程度。一旦发现有炮火瞄准雷达电波或防空制导雷达电波，它会向飞行员发出危险警报，在荧光屏里显示出雷达的方位，同时投放反射电波的金属条，使地面雷达站的荧光屏上显示出多架飞机的身影，让敌方判断不出真正的目标，然后成功脱身。

善于挖洞的鼹鼠

鼹鼠是哺乳纲食虫目鼹科动物。身体矮胖，外形像鼠，体长10厘米左右，四肢短，头尖，吻长，耳小或完全退化。前肢有五爪，都特别强健，是掘土的器官。因善于挖洞而闻名于世。

鼹鼠挖洞的本领很强，这与它自身的身体结构有关。它的前脚大而向外翻，并配有力的爪子，像两只铲子；它的头紧接肩膀，看起来像没有脖子，整个骨架矮而扁，跟掘土机很相似。它的尾小而有力，耳朵没有外廓，身上生有密短柔滑的黑褐色绒毛，毛尖不固定朝某个方向。这些特点都非常适合它在狭长的隧道自由地奔来奔去。隧道四通八达，里面潮湿，很容易滋生蚯蚓、蜗牛等虫类，便于它经常在地下"餐厅"进餐。鼹鼠成年后，眼睛深陷在皮肤下面，视力完全退化，再加上经常不见天日，很不习惯阳光照射，一旦长时间接触阳光，中枢神经就会混乱，各器官失调，以致于死亡。

鼹鼠的眼睛很小，在黑暗中眼睛没有太大的作用。它们的听觉和嗅觉非常灵敏，对震动十分敏感，能够感觉到前来入侵的敌人在地面上的走动，或者附近一条蚯蚓的蠕动。鼹鼠能快速地在地表下面窜来窜去，同时将土拱成一条田垄。它们也会挖出一系列互相连通的坑道，并不断加以修整和延长。泥土被堆放在外面，形成鼹鼠丘。它们还很聪明，为了保护自己，为了进出方便和免遭敌害，在几个常用的藏身和储粮的洞穴下面打通连接通道。为了不使敌人找到洞口，还在周围挖掘几十个乃至数百个洞口，每个洞口外边都堆上一个土堆，真真假假，使强敌难辨虚实。地上地下自由活动，从容转移。与此相比，狡兔三窟就逊色多了。

鼹鼠生活方式多样，主要以昆虫为食，也食两栖类、爬行类、小鸟等动物。由于在地下挖掘洞道，对农作物伤害极大，故为害兽。毛呈棕褐色，细密柔软，并具有光泽，有一定的利用价值。

鼹鼠一般每次生3—4个幼鼠，幼鼠出生时全身光秃秃的，眼睛什么也看不见，但不久后就长出了毛，也能看见东西了。

鼹鼠常年生活在地下，具有极高的挖掘效率，其爪趾具有优良的力学功能，不仅使其在挖掘过程中能够获得最低的切削阻力，且具有优良的脱土减阻功能。因此，鼹鼠爪趾的挖掘功能为高效节能土壤切削工具和挖掘工具的设计提供了良好的仿生研究对象，为土壤切削工具和挖掘工具高效节能的仿生设计提供生物信息，这也是鼹鼠为人类做出的一点贡献。

水利工程建筑师——河狸

河狸是最大的啮齿类哺乳动物，体形肥壮，头短而钝、眼小、耳小及颈短。门齿锋利，咬肌尤为发达，前肢短宽。无前蹼，后肢粗大，趾间有全蹼，并有搔痒趾。尾大而宽，上下扁平覆盖角质鳞片。因其善于挖掘，会建房筑坝有"水利工程建筑师"的称号。

河狸喜欢栖息在寒温带针叶林和针阔混交林林缘的河边，穴居。善游泳和潜水，主要在夜间活动。洞穴常挖在河边树根下，以鲜嫩的树皮、树枝及芦苇为食。

河狸是游泳和潜水的能手，它的后足像鸭子的脚一样长有蹼，尾巴大而扁平，在游泳时起到舵的作用；眼小，耳孔也小，内有瓣膜，以防水，鼻孔中也有防水灌入的肌肉结构。它们游泳也很棒，能够较长时间在水下生活。栖居方式大体有洞居、巢居和洞巢居结合体三类。单纯的巢，多建在沼泽中或浅水中的岛上。洞居有永久性和临时性两种，临时性的洞穴为其进行短距离迁移时修筑的，非常简单。永久性洞穴是越冬、繁殖的场所，结构比较复杂，一半在陆地上，另一半则深入到水下，水中部分和地上部分都有许多出口。洞巢结合体也较常见，它在洞穴的基础上，在地面上添加一个土木结构的巢，一半落在水里，一半架在水上，高出地面1米左右。

为了保持生活区内水位的稳定，它常常不断地用树枝、石块和软泥等垒成堤坝，以阻挡溪流的去路，使水流汇合成池塘，甚至成为湖泊。它修的堤坝长达数十米，还能挖几十厘米宽，通行无阻的小运河，以便运送木头和树枝。它也经常将直径为30厘米的树干咬断，准备"兴修水利"时所需的树枝，如果周围的树木不多，就会迁往其他地方。

河狸白天躲在洞穴内睡觉，夜晚出来觅食。它经常是先把树放倒，运到河中才开始慢慢地吃起来，这样既可以吃到树的嫩枝嫩叶，又能避免食肉动物等天敌的袭击。它们平时有贮藏食物的习性，常将树干和树皮用石头压在水底，以免丢失或被水冲走。秋末冬初大量贮存食物，以供越冬食用。当冬季气温下降到零下5—10℃以后，河面封冻，它就很少出洞活动了，但并不冬眠。

河狸肉味鲜美，皮毛十分名贵，其香腺分泌物为名贵香料——河狸香，是世界上四大动物香料之一，也作为医药中的兴奋剂。因此，河狸具有很高的经济价值，属于国家一级保护动物。由于认识到河狸对养护沼泽地的重要作用，自然资源保护者们努力把河狸再次引入这种动物早已灭绝的国家，如匈牙利、英国和荷兰等。如今，在这些国家的河狸工作十分卖力，似乎想要证明给人类看：自己微不足道的巢穴对环境养护是多么的有效。

筑堤安家既调节了上游水量，又使山沟变成了肥沃的小河谷。许多水位下降区，也利用河狸来筑坝蓄水。1954年纽约州大旱，熊山公园附近土地龟裂，但园内因有河狸筑坝积水，一片翠绿，园内的动物也都幸免干旱之难。河狸是动物世界中伟大的建筑家，它能够改造自己生活的环境。

相貌奇特的麋鹿

麋鹿因其角似鹿非鹿、脸似马非马、蹄似牛非牛、尾似驴非驴，所以俗称"四不象"，是中国特有物种也是世界珍稀动物。原产于中国长江中下游沼泽地带，以青草和水草为食物，有时到海中衔食海藻，是一种大型食草动物。

麋鹿的奇特在于它的鹿角在鹿科动物中是独一无二的。在站着的时候，麋鹿角的各枝尖都指向后方，而其他鹿的角尖都指向前方。此外，它的尾巴是鹿科动物中最长的，长尾巴用来驱赶蚊蝇，以适应沼泽环境的生活。它的蹄子既宽又大，两个蹄趾之间还有像鸭子蹼一样的瓣膜，能在泥沼中行走自如。

麋鹿身上有一种香叫麋香，是珍贵的香料也是上等的中药。麋香只有雄麋鹿身上有，想获得麋香一般要射杀它们。但所有的猎人都知道，麋鹿是一种非常聪明的动物，只要发现自己有危险，就会在猎人射杀它们之前迅速咬破香囊。它们以自己的方式告诉人们它们之所以存在的理由，以及它们的愤怒和尊严。

麋鹿不仅体形独特，而且身世也极其富有传奇色彩——戏剧性的发现，悲剧性的盗运，乱世中的流离，幸运的回归等等，因此成为世界著名的稀有动物之一，在世界动物学史上占有极特殊的一页。

麋鹿身体强壮，善于游泳，能潜入水中找寻百合科植物和水草。它们喜独处，雌性也只与自己的孩子在一起，但天气寒冷时它们便群集在易觅食的地方。栖息活动范围在今天的黄河流域一带。黄河流域是人类繁衍之地，生息于此的麋鹿自然成了人们为获得食物而大肆猎取的对象，致使这一珍奇动物的数量急剧减少，其野生种群很快便不复存在了。1865年，法国传教士阿尔基德•大卫神父在北京南部考察动植物时发现了这种奇特的动物，这是世人第一次从学术角度知道了麋鹿。此后的几十年间，不断有麋鹿的活体被运出中国，流向西方。到1900年，八国联军侵入北京，南苑里的麋鹿几乎被全部杀光，至此，中国特产动物麋鹿在中国国内完全灭绝。而乌邦寺庄园内所饲养的麋鹿也成为了世界上仅有的麋鹿群。中国人想要看一眼本国的特产动物，不得不跑到国外去了。1956年4月，英国伦敦动物学会为了实现麋鹿重返故乡的愿望，赠送两对幼仔给中国动物学会，在离别故土半个多世纪后，北京动物园中又重新出现了珍兽麋鹿，但是，由于生态环境不相适宜，它们及其三只后代分别于20世纪60—70年代相继去世。1973年12月，英国惠普斯奈动物园又赠送给我国两对幼仔，这两对麋鹿和它们的后代在中国各地的动物园中得以生存和繁衍。回归后的麋鹿繁殖相当快，在中国的麋鹿总数已经繁殖达1 320头。但仍然是一个濒危物种，全世界也没有超过2 000头。

咆哮退敌的吼猴

吼猴是生活在美洲中最大的一种猴。体长60多厘米，尾巴长达一米多，全身披着浓密的毛，多为褐红色，随着太阳光线的强弱和照射角度的不同，体毛的颜色能发生各种变化。吼猴的脖子很粗，口腔和下腭也特别大，每到夜晚和激动时，便能发出吼声。吼猴为什么要吼叫？这是一个动物行为之谜。有人说它是为了恫吓敌人，进行自卫；也有人说是为联络同伴而发出的信息。究竟如何，有待动物学家的进一步研究。

吼猴舌骨特别大，能够形成一种特殊的回音器。每当它需要发出各种不同性质的传呼信号时，它就发出巨大的吼声，声带震动发出的声音通过回音器变得十分深沉洪亮，不停地响彻于森林树冠之上，这吼声可在1.5公里以外清楚地听到。吼猴的名称也是由此而来。如果猴群之间发生冲突，双方就会展开一场激烈的吼声大战。吼声大的最后自然取胜，吼声小的只能投降。吼猴还有一根细长而蜷曲的尾巴，很适应它们的树栖生活。

吼猴是全素食者，各种各样的树叶、果实、坚果和种子它都吃。吼猴每天要花三到四小时进食。它常常用尾巴倒悬在树上，直接用嘴啃食树枝上的叶子和果实，或者用尾巴将食物拉过来而不是用前肢采摘。森林里的树叶大多包含有生物碱和毒素，吼猴有很好的辨别能力，总是挑选树叶中含毒量最小的部分，如叶柄、嫩叶和成熟了的果实来吃。吼猴栖息在树上，从不轻易下树，即使是口渴时，也只是舔些潮湿的树叶来解渴。

吼猴一般都有自己的领地，常常十几只群居在密林的树冠上，由一只强壮的雄猴率领并承担防卫任务；母猴专管生儿育女；仔猴一般和父母一起生活到性成熟。在这样一个小团体内，它们的生活非常融洽，有时虽然也彼此吼叫几声，但一般不会出现争斗现象。如果遇有敌害或异族入侵它们的领地，雄猴便以齐声吼叫或其他行动将入侵者赶走。它们的团结精神在悬猴科中堪称第一。

装死避敌的负鼠

负鼠是一种身长40—45厘米、外形似老鼠、比较原始的有袋类动物，主要产自拉丁美洲。

负鼠性情温顺，常常夜间外出，捕食昆虫、蜗牛等小型无脊椎动物，也吃一些植物性食物。平时，负鼠喜欢生活在树上。它行动十分小心，常常先用后脚钩住树枝，站稳之后再考虑下一步动作。如果发现树下有入侵者，它并不马上逃跑，而是用前肢紧紧地握住树枝，并睁大两只眼睛，注视着入侵者的一举一动，然后再决定对策。

负鼠的天敌很多，比如狼、狗等等，但是在遭遇敌害的时候，它有一个"装死"的绝招，十分灵验，可以迷惑许多敌害。它在即将被擒时，会立即躺倒在地，脸色突然变淡，张开嘴巴，伸出舌头，眼睛紧闭，将长尾巴一直卷在上下颌中间，肚皮鼓得老大，呼吸和心跳中止，身体不停地剧烈抖动，表情十分痛苦的做假死状，使追捕者一时产生恐惧之感，不再去捕食它。如果这种戏剧性的跌倒还不足以迷惑对方的话，负鼠会从肛门旁边的臭腺排出一种恶臭的黄色液体，这种液体能使对方更加相信它已经死了，而且腐烂了。此刻，当追捕者触摸其身体的任何部位时，它都纹丝不动。大多数捕食者都喜欢新鲜的肉，一旦死了，身体就会腐烂并且全身布满病菌，这时捕食者就会离去。因此，不少食肉动物看见负鼠的确已经"死"了，鼻孔中一点气也不出，连体温都下降了许多，所以就不再管它了。待敌害走远，短则几分钟，长则几个小时，负鼠便恢复正常，见周围已没有什么危险，就立即爬起来逃走，捡得一条性命。

科学家采用一种仪器对负鼠进行检测，发现了负鼠装死的奥秘。由于动物的大脑细胞能够不断地发出脉冲，形成一种生物电流。根据大脑生物电流的特性，完全可以判断出动物是睡觉，还是麻木；是昏迷，还是清醒。对装死的负鼠进行仪器测试，仪器记录下来的电流图表明，它们在装死时，其大脑细胞一刻也没有停止活动，甚至比平时更为活跃。显然，负鼠在装死时肯定在紧张地等待逃命的机会，它既未昏迷，也没休克，是真正地装死。

负鼠还具有"快速刹车"的本领，这恐怕在世界上还没有其他动物能与之匹敌。也正是它们的这种本领迷惑了捕食者。捕捉它们的动物往往会被这个动作吓得大吃一惊，也急忙"刹车"，并且还会停在那里，好一会儿"丈二和尚摸不着头脑"。而这时，站立不动的负鼠却又突然跃起，疾步逃跑。这种突变使追捕它们的动物感到惊慌失措，常常站在那里呆若木鸡，眼睁睁地看着煮熟的鸭子又飞了。等追捕者清醒过来想再去捕捉负鼠之时，它们早已跑得无影无踪了。负鼠的这种本领使它们在动物界赢得"刹车手"的称号。

负鼠有一套有趣的养育儿女的本领，还以世界上怀胎最短的哺乳动物出名。负鼠一般怀孕十二三天就能生下小仔，时间短的甚至只需八天，每胎产仔6—14个。刚产下的小仔只有2厘米左右长，一经产出便能爬到母亲腹部的育儿袋里，很快找到乳头并紧抓不放，有时一连几星期都挂在乳头上，贪婪地吸吮乳汁。一段时间后，长大一些的幼仔便会爬到母背上，以自己的小尾巴缠住母兽弯向背方的大尾巴，由"妈妈"背负着到处活动，直到能独立生活为止。负鼠也因此得名。

冬眠时间最长的动物——睡鼠

睡鼠身体被覆厚而密的软毛，尾巴与身体差不多长。它们在一年中的春季、深秋以及冬季大约9个月时间里，都处于冬眠的状态。即使不是在冬眠的夏天，它们也是终日呼呼大睡，因此以贪睡闻名。主要分布在欧、亚大陆及非洲撒哈拉的南部。

睡鼠尽管嗜睡，却有一套奇特的逃遁本领。如果它的尾巴被捉住，它就很快将外层皮肤蜕去，使敌人只得到一点皮毛，而自己则逃之夭夭。

睡鼠非常擅长爬树以及在树上跳跃，因为它们可以在布满刺的树枝上找到自己最喜爱的食物：浆果。在夏天，食用浆果，是睡鼠们最梦寐以求的事情了。植物的花蕾以及昆虫也在睡鼠喜爱的食物之列。到了秋天，睡鼠把觅食的目标转向坚果和植物的种子。它们有一套吃坚果的独特本领。用前爪抱住果实，慢慢转动，同时用下齿把果壳咬开。睡鼠具有尖利的门齿，使它能够轻而易举地咬开坚果的硬壳，然后，靠舌头的帮助，一点一点地把果仁掏出来。在被咬开的果壳上，裂口处清晰平滑。

在深秋、冬季以及春季大部分的时间里，睡鼠都处于冬眠的状态。它们的寿命是五年，其中四分之三的时间里，它们都在睡觉。

夏天的晚上，睡鼠会到处活动。但当进入秋天以后，它们就会在地上用树叶、杂草营造一个窝。它们常常把窝隐蔽在盘根错节的树根之间或灌木丛里。在那里，睡鼠会花掉一年中的大部分时间来睡眠，睡姿常常是将全身蜷成一个小圆球。如果外面变冷了，它们就会挖洞躲在地下。或者它们抱成团睡在树叶下面。在体温达到临界点时它们会醒来，做一些"老鼠体操"热热身，然后继续睡到四月。

睡鼠似乎知道长寿的秘诀，一般来说，老鼠的寿命通常是以月来计算的，睡鼠的寿命却可以长达5年。在夜幕的庇护下，它们在树篱和树枝等高处进食活动，而白天则呼呼大睡，并且一年中的大部分时间都在冬眠，这似乎就是它们长寿的秘方。睡鼠每年繁殖1—2次，每胎产3—4仔，最多达6—7仔，数量很少。

灭鼠能手——黄鼠狼

黄鼠狼又名黄鼬，它们身体细长，四肢短，尾毛蓬松，足披硬毛，通体棕黄或橙黄色，适应性强，可栖于不同的环境，喜欢夜出活动。主要猎物为啮齿动物、鱼、蛙和鸟卵等。

黄鼠狼是一个捕鼠能手，据统计，一只黄鼠狼一年能消灭三四百只鼠类。一旦老鼠被它咬住，几口就可吞下。如果发现鼠窝，它能掘开鼠洞，整窝消灭。以每年每只鼠吃掉1公斤粮食计算，一只黄鼠狼可以从鼠口里夺回三四百公斤粮食。所以黄鼠狼绝不是什么偷鸡贼，而是人类的好朋友。

黄鼠狼擅长攀缘登高和下水游泳，也能高蹦低蹿，在乱石堆里闪电般的追袭猎物。它们的警觉性很高，时刻保持着高度戒备状态，要想对它偷袭是很困难的。一旦遇到敌害，就会发起殊死的反攻，显得无畏而又十分勇敢。黄鼠狼还有一种退敌的武器，那就是位于肛门两旁的一对黄豆形的臭腺，它们在奔逃的同时，能从臭腺中迸射出一股臭不可闻的分泌物。假如追敌被这种分泌物射中头部的话，就会引起中毒，轻者感到头晕目眩，恶心呕吐，严重的还会倒地昏迷不醒。"臭屁"不仅是黄鼠狼的防身工具，而且还是捕猎的武器。一只刺猬蜷起身子成了一个球，老虎也没办法，但黄鼠狼却有办法。它只需在刺猬身上找出一条缝隙，调转身子，放一个臭屁即可。不一会儿，刺猬便被它的臭屁熏得昏迷了，乖乖舒展开了身子，这时黄鼠狼便可尽情享用美味了。

黄鼠狼的钻洞本领也十分高强，细长的身体好像学了软骨功，只要头能钻得进去，身体也一定钻得进去，轻松穿过比它身子小的洞穴或者缝隙，因此民间形象地称它为"竹筒子猫"，其含义就是浑身瘦长如竹竿。

黄鼠狼的经济价值很高，皮是制裘的上等原料，畅销国内外，尾毛能制作优质毛笔和画笔。它还是啮齿动物的主要天敌，对保护生态平衡和农、林业都有重要的意义。

冰雪之舟——驯鹿

驯鹿又名角鹿，是生活在北半球最北部的寒带动物。雌雄都有角，角干向前弯曲，各枝有分杈。头长而直，耳较短似马耳，额凹；颈长，肩稍隆起，背腰平直，尾短，主蹄大而阔，中央裂线很深，悬蹄大，行走时能触及地面，因此适于在雪地和崎岖不平的道路上行走。主要分布在北极圈内，我国大兴安岭西北部也有分布。

驯鹿每年都有一次长达数千米的大迁移。春天一到，它们便离开自己越冬的北极地区的森林和草原，沿着几百年不变的路线往北进发。而且总是由雌鹿打头，雄鹿紧随其后，秩序井然，长驱直入，边走边吃，日夜兼程，沿途脱掉厚厚的冬装，而生出新的薄薄的夏衣，脱下的绒毛掉在地上，正好成了路标，就这样年复一年，不知道已经走了多少个世纪。它们总是匀速前进，只有遇到狼群的惊扰或猎人的追赶，才会来一阵猛跑，发出惊天动地的巨响，扬起满天的尘土，打破草原的宁静，展开一场生命的角逐。

幼小的驯鹿生长速度之快是任何动物也无法比拟的，母鹿在冬季受孕，在春季的迁移途中产仔。幼仔产下两三天即可跟着母鹿一起赶路，一个星期之后，它们就能像父母一样跑得飞快，时速可达每小时48公里。这也是生存需要，因为驯鹿无论走到哪里，都摆脱不了饥饿的狼群和贪婪的猎人的捕杀和追赶，如果不能飞快地奔跑，则只有死路一条。

驯鹿具有顽强的耐寒能力、从厚而坚实的雪下觅食以及在雪地、泥泞的沼泽地上行走奔跑自如的本领。驯鹿非常适应这冰雪荒原的环境，只要有苔藓一类的低级植物，就能健康地生活下去。它们的蹄子长得又圆又大，能自如的在冰雪上疾驰奔走。驯鹿的冬毛浓密且细，毛干充满空气，所以又长又脆；而绒毛间也饱含空气，因而既柔软又卷曲，这样，驯鹿好似身着"双层皮袄"。鹿毛厚密能抵御寒风的袭击，而毛里充足的空气，使它具有良好的浮力，因此，驯鹿能轻而易举地穿江渡河。驯鹿小腿以下的温度比身体其他部位要低，在10℃左右，这不仅减少了热量的散发，而且也适合站在冰雪的地面上。通常它们用鼻子拱开雪层觅食苔藓为生。而且一般都喝冰雪水，即使在夏天也宁愿啃冰块，而不愿喝融化的温和雪水。在寒冷漫长的夜里，驯鹿仿效南极企鹅的方式，紧紧挤在一起，越过寒冷的冬季，等待春天的到来。

驯鹿凭着在皑皑雪原上疾驰奔走的本领，成了当地人运货物、外出必不可少的交通工具，因此驯鹿得到了人们的赞誉，亲切地称它们为"冰雪之舟"。

名副其实的懒猴

懒猴又名蜂猴，体形较小，全身被浓密而柔软的短毛，背毛红褐，腹毛灰白，头顶至尾部有一道棕褐色脊纹，四肢短粗，尾极短且常隐于毛发中。因白天多蜷成球状藏在树枝上或树洞里酣睡、行动异常缓慢，只有危急时才有所加快，故此得名。属国家一级保护动物。

懒猴畏光怕热，白天在树洞、树干上抱头大睡，鸟啼兽吼也无法惊醒它。它的动作非常缓慢，走一步似乎要停两步。有人曾作过一番观察，懒猴挪动一步，竟需要12秒钟时间。其速度之慢可以与乌龟相提并论，而且还十分贪睡，如果被惊醒，也只不过懒洋洋地睁开眼睛张望一下，身子却一动也不动，真是名副其实的懒猴。

懒猴动作虽然慢，却也有保护自己的绝招。由于它们一天到晚很少活动，地衣或藻类植物得以不断吸收它身上散发出来的水气和碳酸气，竟在懒猴身上繁殖、生长，把它严严实实地包裹起来，使它有了和生活环境色彩一致的保护衣，很难被敌害发现。因此有叫拟猴，意思就是它可以模拟绿色植物，躲避天敌。

懒猴捕食的本领很强，不仅要靠视觉和嗅觉，还要靠灵敏的听觉，这一点在夜行性动物中显得极为重要。它在捕猎时是先通过声音寻觅到猎物的，能够表现出极高的准确性，很少扑空。通常是先警惕地巡视四周，发现目标后就暗暗地接近，然后出其不意地用前肢出击，将猎物抓住。进食的时候，主要采取坐姿或爬站在树枝上，用手抓握食物缓慢地放进口中嚼食，从来没有狼吞虎咽的现象。

虽然懒猴看上去总是神情倦怠、动作迟缓，但却有很强的攀缘能力，其拇指与食指可以呈180度角，合掌十分灵活，因而具有独特的抓握能力，能够在细小的树枝间穿行往来，也常常依靠这种本领来躲避危险。

懒猴喜欢独往独来，每只雄兽所占的领域达20—30公顷，最大可达40公顷，雌兽的领地也有10公顷左右。为了划分各自的领域，懒猴常常把腕腺上的分泌物涂抹到树上，或者将尿液撒在边界地带，作为领地的标记。每当有其他同类进入领地时，大多会发出严厉的叫声进行警告和驱逐，而不同于其他动物常见的互相殴打的现象。

懒猴喜欢栖息在热带或亚热带的密林中，白天蜷伏在树洞等隐蔽地方睡觉，夜晚外出觅食，吃野果、昆虫，善于在夜间捕食熟睡的小鸟，喜食鸟蛋。很少到地面活动。

由于近20年来热带和亚热带森林的不断开发，懒猴的分布区日益狭小，数量也急剧下降，已经濒临绝灭，其中分布于广西境内和云南勐定等地的懒猴可能已经绝灭。据专家估计，生存在我国境内的懒猴的野外数量已不足2 000只，因此我国将它们列为国家一级保护动物。

发光的滑翔家——大袋鼯

大袋鼯是大袋鼯属的惟一种，分布在澳大利亚昆士兰省东部到维多利亚省南部的海边地区。它们身长30—48厘米，尾长45—55厘米，体毛柔软带有丝光，毛色变化较大，从纯白色到灰色。前后肢间生有翼膜，能在树间滑翔。

大袋鼯被誉为"发光滑翔家"，它们的滑翔技术最为高明。大袋鼯要"飞"时，先爬上树梢，由高处往下俯冲，一般能滑翔100米左右。落地后，又爬上树做第二次滑翔。大袋鼯的眼睛在夜间可发出一种磷光，如探照灯一样，照引着它滑翔。它们栖居于澳大利亚东部山区和丘陵地带中，起伏较大的地形和稀疏的树木，能够给它们提供滑翔的广阔天地。它体重虽然达1.5千克，但在滑翔途中，仍不失飘逸、轻盈的风采。大袋鼯的翼状褶，由前肢肘部延伸到后肢的踝部，在飞行时往往呈前部尖的锐角三角形。这是它能够远距离滑翔的重要原因之一。

大袋鼯喜欢栖居于森林中，偶尔到地面活动。野生大袋鼯单独活动，人工饲养条件可成对生活。母兽的育儿袋内有1对乳头，幼儿刚出生时就在育儿袋中生活，3个半月以后离开育儿袋并趴在母亲背上，随母兽一起在树间滑行。7月龄后可以独立生活，第二年即可参加繁殖。每年繁殖1次，每胎1仔。野外个体寿命可达15年。由于它们食性单一，除吃一种散发薄荷气味的桉树叶外，其他任何植物都不愿意吃。它们的这一特性，决定了只能充当澳大利亚的"土著居民"，人们无法在动物园中看到它们可爱的身影。

身手敏捷的獾

獾是哺乳动物中的鼬科动物，广泛分布于欧亚大陆和北美洲。獾的四肢又粗又强壮，前脚趾生长强而粗的长爪，爪子和前脚趾一样长。獾的体重可达15千克，体长50厘米，尾长10厘米。身体肥壮，头小，嘴尖、眼小、耳短、脖子短、尾巴短。獾的鼻头有发达鼻垫，类似猪的鼻子，所以又叫猪獾。

獾依靠灵敏的嗅觉，拱食各种植物的根茎，也吃蚯蚓和地下的昆虫幼虫，或者在溪边捕食青蛙和螃蟹，或者在灌木丛中捉老鼠，甚至吃动物腐烂的尸体。它们的爪子细长而且弯曲，尤其是前肢爪，是掘土的有力工具。

獾掘洞的本领非常高明，在洞穴中藏身的啮齿类动物很少能够逃脱它们的袭击。獾在挖洞时，前挖后刨，四条腿并用，有时甚至连头带脖子一起上，以增加其功效。当遇到险情时，它们便迅速隐藏到地下，并用泥土把身后的通道封住。它们喜欢在山坡的树林、灌木丛、荒地、堤坝等人迹罕至的地方挖洞而居。獾挖洞也很有特点，洞深达数米，曾发现洞内光滑整洁，有几个洞互相连通，巢位于穴道末端。它们的食性很杂，食谱包括蛇、昆虫和植物，田鼠这样的小型啮齿类动物是獾最喜欢的食物。獾大部分时间是在地穴里度过，因此人们很少能够看到它们，即使是在它们频繁出没的地区也是如此。

獾十分勇猛善战，一只獾可以把比它大两三倍的狗击败。獾身上有着厚厚的长毛，这是它保护自己的有效手段。一般的敌手很难咬中它的要害部位。它们的视觉一般，不过嗅觉和听觉却十分灵敏，这就大大弥补了视力的不足。

獾还十分善于游泳，它们甚至能够勇敢地游进旋涡翻滚的激流。在冬季，獾依靠秋天建造的储备室过冬，到了最寒冷的时候，它们便躲到里面，在土墙后面把它们的地下通道封住。不过，獾并不冬眠，当天气好或者感到饥饿的时候，獾就钻出地面，踏着积雪去寻找食物。

獾的皮毛经济价值较高，其皮革制品美丽大方，色彩艳丽，是制作高级裘皮服装的原料。獾毛还可制作高级胡刷和油画笔。獾肉可食，味道鲜美，营养丰富，是席上的佳肴。獾油是由獾子的脂肪提取的油脂，是治疗烫伤、烧伤的有效药物。

浑身长箭的豪猪

豪猪又叫箭猪，从它的背部到尾部均披着利箭般的棘刺。特别是臀部上的棘刺长得更粗、更长、更多，其中最粗的宛若筷子，最长约达半米。每根棘刺的颜色都是黑白相间，很是鲜明。豪猪除有棘刺外，还有一个非常肥胖的身躯和锐利的牙齿，鼠一般的嘴脸。

豪猪身上原来只有鬃毛，后来有的偶尔长出几根硬而长的角质化棘刺，在大自然的长期生活中，棘刺发挥了御敌的独特作用。这种特征在后代繁殖中逐渐遗传下来，久而久之，棘刺便长满了全身。豪猪身上的棘刺，是由鬃毛逐渐转化的结果。

豪猪御敌的本领很强，当它遇到敌害时，能迅速地将身上锋利的棘刺直竖起来，一根根利刺，如同颤动的钢针，互相碰撞，发出刷刷的响声，它以自己特有的御敌绝招，把凶恶的敌害吓退。如果敌害继续向豪猪进攻，那么豪猪就会调转屁股，倒退着长刺向敌人冲去。有时，它还能将背部的硬刺靠肌肉的力量一支一支地射出来，如同开弓放箭一般，只是这些箭射出后的力量很小，没有杀伤力，也许仅仅是吓唬敌人而已。不过，一旦被这些棘刺扎入皮肉，就会受到严重的伤害。因此大多数食肉动物都深知它的厉害，轻易不来招惹它，只有在十分饥饿的情况下，那些衰老或伤残的食肉动物才不得不向它发动进攻，结果不可避免地被刺得皮肉溃烂或眼睛失明，甚至丧命。豪猪在雄狮猛虎面前，还是一个坚强不屈的对手。它最厉害的一手，就是善于用尾巴猛击敌人的头部，使尾巴上短而粗的刺密布敌人面部。针毛上长着带钩的刺，敌害如果被刺中，针毛就会留在肌肉里，疼痛难忍。狼、狐狸等碰上豪猪，都不敢轻易去惹它。

豪猪的巢洞虽是自己挖掘修筑，但主要是扩大和修整穿山甲和白蚁的旧巢穴而居。其巢穴的构造复杂，通常由主巢、副巢、盲洞和几条洞道组成。盲洞的洞道较小，是遇到危险时避难的场所。洞口一般有两个，有时多到4个，开口向外面，必有一个开口于杂草之中，这是危险时逃跑的洞口。这种构造复杂的洞穴，是有效地防御敌害的最好办法。

居住在南美洲的卷尾豪猪具有惊人的爬树本领，它既能笔直的向上爬，又能头朝下往下滑行。它那灵活的长尾巴，使它在树冠上也能相当自如地活动，这种本领使它能逃过敌害的追捕。实在逃不掉时，它会将全身长满的尖硬利刺竖起来，这时再凶的猛兽也会感到害怕而放弃攻击。

以蚁为食的大食蚁兽

大食蚁兽体大，面部修长，尾毛长而蓬松，全长可达2米。喉部、肩部有黑色楔形条纹，其边缘镶以白色。主要分布于中美洲的危地马拉到南美洲的阿根廷北部，在地面活动，生活于森林、草原和沼泽地带等多种环境中。

大食蚁兽捕食的本领很强，当它用长嘴前端的鼻子嗅出白蚁的气味后，便启动前爪刨开蚁巢面上的封泥，向白蚁窝直捣而去。正当白蚁惊慌逃窜时，大食蚁兽便伸出它那长约30厘米的舌头，粘吸白蚁。大食蚁兽有一个高度发达的下颌唾液腺，它能源源不断地分泌出一种黏液，这种黏液能像胶布似的，把一个个白蚁粘住，并传送到嘴里，囫囵吞食。大食蚁兽就是靠这条伸缩自如的长舌，专门吸食蚁类或昆虫充饥的。一头食蚁兽的舌头能惊人地伸到60厘米长，并能以一分钟150次的频率伸缩。舌头上遍布小刺并有大量的黏液，蚂蚁被粘住后将无法逃脱。蚁类是它最爱吃的美味，一只大食蚁兽每餐要吃相当数量的白蚁。一头大食蚁兽在一个蚁穴中只吃140天左右的蚂蚁，吃完后就离开再换另一个蚁穴。靠这种吃法，它可以保证自己领地内蚁穴中的蚂蚁存活下去，以便它改天再来美餐。

大食蚁兽自卫本领很强。它们身上的毛多而硬，前后肢上都有五趾。除第五趾外，均具有像镰刀一样弯曲的长长的钩爪，特别是中趾的爪十分强大，是自卫和挖掘蚁穴的有力武器。但是，由于钩爪太长，也使得它行走时前脚掌无法着地，只能把长爪向后弯曲，以趾背着地，形成一瘸一拐的古怪步法，姿态笨拙可笑。后肢较短，各趾上也都有大小相仿的尖锐的爪。它的尾巴发达，上面的毛长而蓬松，就像拖在身后的大扫帚，可以遮风挡雨，睡觉时还可以蒙在头上或铺在地上当绒毛毯子，非常实用。

人们曾对食蚁兽何以能在中、南美洲生存下来，没有被美洲狮、美洲虎等猛兽吃尽很感兴趣。其实，它有很多自我保护的手段和本领呢。

如果遇到危险，它也会急走而逃，动作十分难看。如果逃不脱，就会尾部坐在地上，竖起前半个身体，与对方抱在一起。由于它的皮肤又厚又硬，能暂时抗御对方的尖牙利爪，然后用前足坚强有力的钩爪进行反击，同时口中会发出一种奇特的哨声威胁对手，所以常使食肉猛兽望而却步，从而逃离险境取得搏斗的胜利。

大食蚁兽主要栖息于热带草原和森林中，尤其喜欢在水边低洼处、森林沼泽地带营筑家园。它们通常过独居生活，昼伏夜出。雌兽的妊娠期约为190天，每胎仅产1仔，一般在春季出生。幼仔出生以后，雌兽对它进行十分精心的照料，常常将它驮在背上，形影不离，一直带到第二次怀孕为止。幼仔9个月后体形接近成体。寿命为14年。

善于爬树的黄喉貂

黄喉貂体形细长，头部较为尖细，四肢虽然短小，但强健有力。身体的毛色比较鲜艳，主要为棕褐色或黄褐色，腹部呈灰褐色，尾巴为黑色。由于它的前胸部有明显的黄色、橙色的喉斑，其上缘还有一条明显的黑线，因此得名。由于它喜欢吃蜂蜜，因而又有"蜜狗"之称。

黄喉貂对环境的适应能力很强，对所栖息的环境并无严格的要求。它以食物及隐蔽为主要条件而多活动于森林中。这种食肉动物的性情凶狠，常单独或数只集群捕猎较大的草食动物。其行动快速敏捷，尤其是在追赶猎物时，更加迅猛，在跑动中还能进行大距离的跳跃，并有很高的爬树本领。常在白天活动，但早晚活动更加频繁。行动小心隐蔽，视觉良好。当在林中巡游时，如闻异声，必先止步，窥听响动，有时还静伏在树上，观察地面的动静，如有可捕的猎物，便跳下捕食。

黄喉貂是典型的食肉兽，从昆虫到鱼类及小型鸟兽都在它的捕食之列。小兽中，常捕食在树上活动的松鼠及鼯鼠，此外，经常捕食大型的野鸡类，有时还合群捕杀大型兽类，如小麂、斑羚，小野猪等。除动物性食物外，也采食一些野果、浆果，甚至也能猎捕比它的体形大得多的山羊和鹿等，当食物缺乏时也吃动物的尸体，偶尔潜入村庄偷吃家禽。

黄喉貂在湖北省山区都有分布，在神农架林区的分布也很广泛。原来的数量也比较多，但随着被捕食动物的减少，它们的数量也相应地减少了。是国家二级重点保护野生动物。

虽然黄喉貂的毛绒比较绵软、板质良好，但由于毛绒不厚，也不稠密，保温性能欠佳，再加上毛色较杂，即使染成黑色，毛色也难均匀，所以皮毛的质量不很理想，价值远不如紫貂。

捕蚁能手——针鼹

针鼹身上有坚硬的刺，口中无牙，外表像刺猬，有管状的长嘴，鼻孔开在嘴边，舌长带黏液，以食白蚁和蚁类为主。针鼹四肢坚硬，各趾有强大的钩爪，爪长而锐利，可以用来掘土和挖掘蚁巢。它是现存最原始的哺乳动物之一，生活在澳大利亚各地，寒冷时会冬眠。

针鼹行动笨拙，而且几乎是个瞎子。它们的繁殖能力不强。因为没有牙齿，针鼹的食物仅仅限于那些能够用舌头捉到的小动物。然而，它们却顽强地生存了下来，而且在至少八千万年里没有什么改变。针鼹能够成功的生存是有原因的，它们最主要的捕食对象是蚂蚁，蚂蚁是所有昆虫中生存最成功的一种，而且分布极其广泛。针鼹专心致志地以蚂蚁为食，能够非常技巧地使用它那长长的、坚硬的舌头摸索着深入蚁巢，在蚁巢用餐长达半个小时，吞食几千只白蚁。因为它们没有咀嚼肌，不能咀嚼，也没有牙齿，只能把食物放在舌头的后部压碎。

针鼹能够同时用四肢挖掘，它把地面上的土刨到身体两边，这样它就可以垂直地往下钻。当针鼹毫无保护的腹部垂到地面，它就会用针刺形成一个有效的防护体系，以抵抗任何可能出现的食肉动物的攻击。针鼹是夜行动物，栖息于灌丛、草原、树林和多石的半荒漠地带，白天隐藏在洞穴中。它和刺猬一样，浑身长满长短不一、中空的针刺，不过它的抗敌本领要比刺猬高明。针鼹身上的针刺十分锐利，且长有倒钩，一旦遇到敌害，针鼹就会背对敌人，它的针刺能脱离身体，刺入来犯者的体内。一段时间以后，脱落处又会长出新的针刺。

在御敌时，针鼹还有两个绝招。一个是受到惊吓时，它会像刺猬那样，迅速地把身体蜷缩成球形，使敌人看到的只是一只没头没脑的"刺毛团"，很难下手。再就是它的"绝活"——掘洞逃跑。针鼹的爪子十分厉害，像人手又有点像鸡爪，挖土速度快，且比较深，一口气可挖1.5米左右。其速度之快不要说刺猬、野兔不及，就是用现代人的工具甚至机器也未必能赶上它，就连穿山甲也不是它的对手。它们快速挖土，将身体埋入地下，或者钩住树根，或者落入岩石缝中，使对方无法吃掉它。

针鼹以蚂蚁和白蚁为食，能帮助树木清除虫害。它们也是卵生哺乳动物，每年5月左右，雌性针鼹的腹部会长出一个临时育儿袋，产下一个白蛋并用嘴把蛋放入育儿袋中进行孵化，幼针鼹出生后就在母亲的口袋里吮吸经母亲毛孔分泌出来的乳汁，7—8周后断奶，母针鼹的育儿袋也随之消失。目前针鼹已是濒临绝种的动物。

英俊的西藏野驴

西藏野驴是大型草食动物，外形与蒙古野驴相似，头部较短；耳较长，能够灵活转动；唇端圆钝，颜色偏黑。全身皮毛以红棕色为主，耳尖、背部脊线、鬃毛、尾部末端被毛颜色深，唇端上方、颈下、胸部、腹部、四肢等处披白色毛，与躯干两侧颜色界线分明，和家养的小毛驴相比，可以说是"高大俊驴"。

西藏野驴生活于高寒荒漠地带，夏季到海拔5 000多米的高山上生活，冬季则到海拔较低的地方。好集群生活，擅长奔跑，警惕性高。喜欢吃茅草、苔草和蒿类，而且极耐干旱，可以数日不饮水。它们的听觉、嗅觉、视觉均很灵敏、能察觉距离自己数百米外的情况。若发现有人接近或敌害袭击，先是静静地抬头观望，凝视片刻，然后扬蹄疾跑，跑出一段距离后，觉得安全了，又停下站立观望，然后再跑。

西藏野驴还有个极特殊的习性，喜欢与汽车赛跑。当汽车驶入西藏野驴活动的地带，远处的野驴就会好奇地注视着逐渐接近它们的汽车。当汽车离它们比较近时，野驴随即朝前猛跑，并竭力与汽车保持平行。驾驶员也有意和野驴一比高低，将汽车开到时速60公里和野驴比赛。野驴与汽车赛跑，最后总要跑到汽车的前边，并且要从汽车前经过，才肯罢休。野驴越过汽车后，往往要继续奔跑一会儿，然后停下观望。有时野驴因这种古怪的行为而付出生命代价，一些偷猎者就是开着汽车追杀野驴的。虽然西藏野驴耐力极好，可以一口气跑40—50公里不休息，但用汽车长时间追逐野生动物可能会对它们造成不良后果。碰上这类"比赛"，最后都是人们主动减速，让野驴跑到汽车前边去。

西藏野驴有随季节短距离迁移的习性。平时活动很有规律，清晨到水源处饮水，白天在草场上采食、休息，傍晚回到山地深处过夜。每天要游荡几十公里的路程。在野驴经常活动的地方，未受到惊扰的西藏野驴移动时喜欢排成一路纵队，鱼贯而行。在草场、水源附近，经常沿着固定路线行走，在草地上留下特有的"驴径"。"驴径"宽约20厘米，纵横交错地伸向各处。

聪明的西藏野驴在干旱缺水的时候，会在河湾处选择地下水位高的地方"掘井"。它们用蹄在沙滩上刨出深半米左右的大水坑，当地牧民称为"驴井"。这些水坑除了它们自己饮用外，还为藏羚、藏原羚等动物提供了宝贵的水源。

穿燕尾服的"绅士"——企鹅

在冰天雪地的南极世界，生长着一群憨态可掬的鸟类——企鹅。它们都直立而笨拙地行走，背部长着层层叠叠的黑色羽毛，白白的肚皮，胖胖的身体，十分可爱。人们都称它们为穿燕尾服的南极"绅士"。

企鹅可以说是天生最不怕冷的鸟类。它全身羽毛密布光滑，并且皮下脂肪厚达2—3厘米，这种特殊的保温设备，使它在零下60度的冰天雪地中，仍然自在地生活。

　　企鹅虽为鸟类，但不能飞翔，根据化石显示的资料，最早的企鹅是能够飞的，直到65万年前，它们的翅膀慢慢演化成能够下水游泳的鳍肢，成为目前我们所看到的企鹅。企鹅的行走姿态可谓憨态可掬，人们很难把这种走路方式与聪明或是效率联系到一起。但事实上，企鹅之所以这么行走是有道理的。美国加利福尼亚大学的研究人员最近发现，在企鹅王国里，这种蹒跚学步可能是最符合行动逻辑的，这种方式可能对于怀孕的妇女有一定的借鉴意义。研究人员把企鹅放在一个特殊的平台上，对它们行走过程中的左右、前后摇摆进行了详细的数据记录，最后他们得出了结论，认为企鹅之所以摇摆行走，是因为在摇摆过程中可以存储能量，把能耗减少到最低限度。另外，对于企鹅的特殊体形来说，这种行走方式可以把它们的重心抬高，提高了行走时的效率。在一步与一步之间，企鹅可以存储80%的能量，这在动物世界中是最高的，相比之下，人类的这一数字为65%。

　　企鹅有很强的归巢本领，每当繁殖期临近，成千上万的企鹅在夜幕降临之前，日夜兼程地赶往栖息地。它们还是一种对爱情专一的动物，据观察，有82%的企鹅都能维持原来的配偶，基本做到白头偕老。它们还喜欢聚集在一起，这样有利于防风取暖。

　　企鹅游泳和潜水的本领很强。它们游泳的速度十分惊人，成年企鹅的游泳时速为20—30公里，比万吨巨轮的速度还要快，甚至可以超过速度最快的捕鲸船。它们在游泳过程中，不断起伏，以保证自己的速度不会降低，并不时跃出水面进行呼吸。企鹅跳水的本领可与世界跳水冠军相媲美，它能跳出水面2米多高，并能从冰山或冰上腾空而起，跃入水中，潜入水底。因此，企鹅称得起游泳健将，跳水和潜水能手。

　　在陆地上看起来很笨拙的企鹅，在水中却异常灵活。为寻找流线型的理想模式，科学家们把微型测量仪器装在企鹅背上，记录下它每天运动距离、深度和速度。为拍摄照片，科学家们还在南极装了一个特殊的水道。通过进一步的实验，发现企鹅的运动与鱼类不同，几乎只靠鳍来推进自己，这说明企鹅的身体已经进化成了大体积小阻力的优化典范。

而且，它的身体在水中几乎不改变形状，这个事实使模型实验变得十分简单，同时也给人们带来新的启示。

● 知识点拨

企鹅与极地越野车

茫茫雪原上，到处是积雪，雪地上的摩擦力太小，车轮只能不断地空转，很难前进。但是，在冰雪终年不化的南极，平时是蹒跚而行的企鹅在紧急情况下却能以30公里／小时的速度在雪地上飞跑，这是什么原因呢？原来企鹅在南极生活了近2000万年，早已适应了那里的生活环境，成为"滑雪健将"了。只要它扑倒在地，把肚子贴在雪的表面上，蹬动起作为"滑雪杖"的双脚，企鹅便快速滑行了起来。人们由此得到启示，设计并制造了一种"极地越野汽车"。它用宽阔的底部贴在雪地上，用转动的"轮勺"扒雪前进，行驶速度可达50公里／小时，这种汽车还可在泥泞地带行驶。

滑翔冠军——信天翁

当人们在大海上航行时，会发现有一种美丽的鸟，它时而在海面上滑翔，数小时不必扇动一下翅膀，时而在空中高速翻飞达2 000—3 000米，时而安然地在海面上睡觉……这是一种怎样神奇的鸟呢？它就是以毫不费力地飞翔而著称于世的信天翁。

信天翁是鸟类中杰出的滑翔冠军，它们的飞行本领很强。信天翁的双翼狭长，便于在气流中逆风飘举和顺风滑翔。信天翁滑翔的时候，巧妙地利用气流的变化。如果上升气流较弱，它会俯冲向下，加快飞行的速度。如果高度下降，它又会迎风爬升。每当海面上狂风怒吼，巨浪滔天的时候，信天翁却飞得安逸自在。近海的低空气流由于受到海岸的阻隔，通常比高空的气流缓慢，信天翁会在两层气流间做螺旋形的飘举和滑翔，可以几个小时不用扇动翅膀。有时，它们在低空随着气流的上下，身体左倾右斜，宛如滑翔机，身影矫健。它们在飞翔中只要把腿伸开或者闭合脚蹼，就可以像舵一样自如地改变飞行方向，在短短的一个小时里，能横扫113千米的海面。

信天翁不喜欢风平浪静的日子，因为海上没有上升气流供它们滑翔，不能乘风翱翔，只能扇动细长的翅膀。没有风的时候，它们在陆地无法起飞。信天翁能一连数月，甚至整年在海上生活，累了在水面上歇息，饿了就捕食鱼、墨鱼和虾，渴了就喝海水，因为它们只有在繁殖的时候才返回荒岛和陆地。它们的寿命很长，平均寿命为40—60年。

在100多年前，没有无线电通信，因信天翁常年在海面上翱翔，水手们便用它来传递信息，信天翁被称为"海上信使"。有个叫"格林斯塔尔"号捕鲸船在海上捕鲸，战果累累，货船内装满了大桶大桶的鲸脂，但无法让人知道他们目前的情况，船员们便用鲸肉作诱饵，捕到一只信天翁，船长在一张纸条上写下了船的位置和当时的时间（1847年12月8日），并说船只已开始离开作业区，准备返回。写完后，他将纸条放进一个小袋子里，系在信天翁的颈部，然后将其放飞。12天后，即1847年12月20日，这只鸟在智利被人捉到，当时它已飞行了5 837公里。在当时，恐怕这也是世界上最快的通信速度了。

信天翁能喝海水当然会引起人们的注意，人们急于了解它们是怎样解决海水中的盐分问题。经过研究，发现信天翁的鼻部构造与其他鸟类不同，它的鼻孔像管道，所以称为管鼻类。在鼻管附近有去盐腺，这是一种奇妙的海水淡化器，去盐腺内有许多细管与血管交织在一起，能把喝下去的海水中过多的盐分隔离，并通过鼻管把盐溶液排出。人们如能模仿它们的海水淡化原理，把海水淡化的研究推进一步，从而使海水为人类造福。

在欧美各国，信天翁的羽毛，不仅是上好的被褥材料，而且经过染色加工，成了时髦的装饰品，这使得信天翁的数量急剧减少，在许多海域已经灭绝。世界保护协会指出，目前有19—21个信天翁种类受到全球性威胁，如果不及时采取紧急措施，这些海鸟将永远消失。

无声侠客黑夜行者——猫头鹰

我国自古以来就有"夜猫子进宅，无事不来""不怕夜猫子叫，就怕夜猫子笑"等俗语，把猫头鹰看做不吉利的动物，把它当做厄运和死亡的象征，其实这种看法是错误的。猫头鹰是人类的朋友，它们善于捕鼠，在漆黑的夜里，总能看到它们矫健的身影，有"黑夜行者"的美誉。

猫头鹰具有夜间猎食的本领，它们可以凭借自己敏锐的听觉和视觉，在黑夜中捕猎。猫头鹰的眼睛和耳朵构造很特别，眼睛很大，但是眼珠却不会转动，所以要通过转动头部来观察周围的动静。猫头鹰的头部可以转动270度，不用移动身体就能观察周围的情况，这非常有利于它在寂静的夜里不惊动附近的猎物。猫头鹰的耳孔为两条很深的长缝，在两耳周围，还有短而硬的羽毛围绕，起到收集声音的作用。而且两耳孔的位置不对称，右侧比左侧的略高，这样可以获得两侧声音的错位效果，便于迅速校正声源的距离和位置。另外，猫头鹰双耳的最大感受区在3 000至6 000赫兹之间，而人类只有1 000赫兹左右。因此，猫头鹰能清晰地听到人类听不见的微弱声音。

猫头鹰捕食的"秘诀"恐怕就是飞行起来无声无息，使田鼠祸到临头也毫无察觉。猫头鹰翅膀大而圆，羽毛的表面密布着绒毛，飞行时可减弱与空气的摩擦，它的羽毛边缘还有锯齿般的柔软缝隙，可以减弱或消除噪声，使它具备了无声飞行的本领，便于向猎物发动突然袭击。它们还长有强健的勾爪，是捕猎的有力武器。

猫头鹰最擅长的本领就是捕鼠，是著名的捕鼠"专家"。每当夜深人静的时候，猫头鹰便悄无声息地开始自己的偷袭行动了，它身体羽毛的颜色与周围环境极为相似，便于隐藏，当鬼鬼祟祟的老鼠出来偷东西吃的时候，它便以迅雷不及掩耳的速度飞向目标，使老鼠无法逃脱。一只鼠类每年夏天要糟蹋几公斤粮食，一只猫头鹰每年可以吃掉1000多只老鼠，相当于为人类保护了数吨粮食，的确是劳苦功高。猫头鹰的嗉囊有自己独特的消化能力，它们能将食物整个吞下，然后将食物中不能消化的骨骼、羽毛等残物集成块状，形成小团经过食道和口腔吐出。

在种类众多的猫头鹰家族中，有一种叫做穴鸮的，它的生活习性比较怪，不在树上筑巢，而喜欢住在洞穴中。穴鸮生活在北美和拉丁美洲，活动范围是在开阔的草地和农耕平原上，喜欢捕食个头大的昆虫，比如一些甲虫、麻雀、老鼠等小动物。这种猫头鹰以啮齿类动物遗弃的洞穴为巢，或者自己打洞为巢，它们还喜欢用多种发出恶臭的动物粪便来装饰自己的小窝，以此来引诱自己的"美食"屎壳郎上钩，看来猫头鹰比我们预想的聪明得多，还具有诱敌的本领呢！

在日本，猫头鹰被称为福鸟，代表着吉祥和幸福。在魔法小说《哈利·波特》中，猫头鹰是巫师们的宠物，是最高贵也是最受欢迎的一种，随着人们对猫头鹰的逐渐了解和认识，猫头鹰会成为我们的好朋友的！

我们知道，飞机的机翼是人们在分析了鸟类的翅膀结构之后才研制成功的。在鸟类中，猫头鹰的翅膀最为奇特，因其飞行时必须无声无息，才能不至于惊动田鼠。经研究分析，原来它的翅膀后缘呈锯齿状排列，这便能抑制空气湍流的形成，以消除噪声。这一特点被应用到仿生学上，美国的B-2隐形轰炸机的机翼后缘就是仿照这一原理设计制造的。

奔跑健将——鸵鸟

鸵鸟是世界上最大的鸟，它们头小，颈长，腿高，体大。雌雄鸵鸟的体羽毛色各不相同，但它们的翅羽和尾羽均为白色。头部羽毛稀疏，颈部大多光秃无毛，是现今世界上唯一只有两只脚趾的动物，虽不会飞，但擅长奔跑。

鸵鸟有自己独特的生存本领，它们主要分布在非洲的北部、中部和南非。栖息于荒漠、草原和灌丛等地，主要以植物为食。它们耐干旱，可以借助摄取植物中的水分来生活。采集那些在沙漠中稀少而分散的食物，是相当有效率的采食者，这都要归功于它们开阔的步伐、长而灵活的颈以及准确地啄食。由于鸵鸟啄食时必须将头部低下，很容易遭受掠食者的攻击，故觅食时不时得抬起头来四处张望。鸵鸟的嗅觉、听觉异常灵敏，眼睛可以看到5公里以内的物体，所以与羚羊、斑马在同一地区出没的时候，这些动物常利用鸵鸟所具的敏锐眼力作为警报。

鸵鸟具有快速奔跑的本领，由于它们生活在沙漠中，那里草木稀疏，水源缺乏，寻食困难，必须长途跋涉。同时，遇到敌害，沙漠中很难隐蔽，只有快速奔跑，才能保全自己。鸵鸟的身躯高大，翅膀已经退化，不能飞翔，但在迅速奔跑时可以展开，以维持身体的平衡，若是顺风还能起到船帆的作用。它的腿很长，十分粗壮，脚也极为强壮，趾的下面有角质的肉垫，富有弹性并能隔热，适于在沙地中行走或奔跑。它在沙漠中奔跑的速度很快，持续奔跑的速度为每小时50公里，能奔跑5分钟以上，冲刺速度每小时超过70公里，可维持约30分钟而不感到累，一步可达7米，能跳跃达3.5米，且可瞬间改变方向，是鸟类中名副其实的奔跑健将。

奔跑是鸵鸟避敌的最好方法，遇到敌人被逼急了的时候，它们可以依靠强壮的双脚，用脚来踢，它的大脚趾上长有扁平的指甲，在遭遇袭击时，将指甲刺入袭击者的身体，进行反击，给对方造成很大的威胁，甚至可致狮子、豹于死地。

鸵鸟的目光锐利，善于伪装，当鸵鸟遇到猎人感到危险时，就会伸长脖子，紧贴地面而卧，甚至将头钻在沙中，身体蜷曲一团，以其暗褐色羽毛伪装于灌木丛或岩石旁，人们把鸵鸟遇到敌情时，把头钻在沙中的滑稽行为形容是"鸵鸟政策"，用以讥讽那些在危险面前看不到危险的人。其实这是人类的一种错误的理解，鸵鸟将头和脖子贴近地面，是一种隐藏避敌的方式。既可以听到远处的声音，有利于及早避开危险，又可以放松颈部的肌肉，更好地解除疲劳。

鸵鸟生活在广阔的非洲沙漠和草原上，由于体健力壮，很多国家把它作为运输工具，它能驮起重达150公斤的物品。由于鸵鸟很温顺，当地非洲人驯养它们用来耕田、送信、牧羊，当鸵鸟发现有贼偷羊时，就会高声鸣叫，张开双翅飞奔过去，把贼赶跑，甚至能供人坐骑。

● 知识点拨

葡萄牙著名足球明星曾研究过动物仿生学，他从鸵鸟身上学到用前脚掌着地能很好的在快速跑动中支撑身体的平衡，以及挺胸仰头能更好的在高速运动中灵活的改变方向。由此可见，动物是我们名副其实的老师。

草原上的"歌唱家"——百灵鸟

独具灵性的百灵鸟常常在辽阔的草原上，在蓝天、白云下纵情歌唱，它们高飞时直入云霄，且飞且鸣，姿态优美，鸣声多样，歌声委婉动听，不愧为草原上的"歌唱家"。我国蒙古族民歌"百灵鸟双双地飞，是为了爱情把歌唱……"是百灵鸟行为的真实写照，它们一直被视为吉祥、智慧、幸福的象征，尤其受到草原人民的喜爱。

百灵鸟喜欢栖息在广阔的草原上，在地面活动，几乎从不上树栖息，是草原的代表性鸟类，属于小型鸣禽。它们的体形娇小，头上有漂亮的羽冠，嘴细小而呈圆锥状，褐色的羽毛中加杂斑纹，翅膀较短，脚强健有力，后爪长而直。我国常见的种类有沙百灵、云雀、角百灵、小沙百灵、斑百灵、歌百灵和蒙古百灵等。百灵鸟喜欢雌雄双双飞舞，常常凌空直上，直插云霄，在几十米以上的天空悬飞停留。歌声中止，骤然垂直下落，待接近地面时再向上飞起，又重新唱起歌来，善于在空中飞鸣，是鸟中有名的金嗓子。百灵鸟不但能"歌"，而且善"舞"。它们在唱歌时，喜欢张开翅膀翩翩飞舞，跳出各种美妙的舞姿。它以美妙的歌喉，优美的舞姿，令人叹服的飞翔技巧给人类生活增添了无穷的乐趣。

百灵鸟有着高超的效鸣本领，有控制发声的鸣肌4—9对，比其他鸟的鸣肌多2—5对，而且，每侧的鸣肌都可以各自单独收缩。所以，发出的声音婉转而有旋律。另外，在激素和脑神经核的协调控制下，它能惟妙惟肖地模仿其他动物的语言，如燕子、麻雀、黄莺等鸟儿的鸣叫，还会模仿母鸡、鸭子、狗等动物各具特点的叫声，甚至还会学婴儿的啼哭。优秀的百灵鸟还能把各种动物叫声连在一起，不停地鸣唱，仿佛是一支交响曲，并且这种技能随着学习时间和年龄的增长而日趋完善，使百灵鸟在众多鸣禽中脱颖而出。

百灵鸟适应环境的能力很强，一般喜欢栖息于荒漠草原，出没在草滩沙丘间，适应干旱的能力很强。它们或快速飞行到远处取水，或以一定的生理特性减少对水的需求。冬季，百灵鸟大多集群生活，几十只甚至上百只为一群，作为一个整体，发挥众多感官的功能，增加在恶劣环境下集体防御的能力。夏天，能顺利度过30℃以上的高温干热天气，喜欢沙浴，用来降温防热，并可清理羽毛和体表的污物。百灵鸟食性较杂，从不危害农作物，是草原蝗虫的天敌，是草原生态链条中的重要环节。它们每年能吃掉4—5万只害虫，一只百灵鸟能抵得上5名治虫专家，它们以自身的存在维持着生态平衡。

百灵鸟嘹亮悦耳的歌声也给自己带来了厄运，使它很早就成为养鸟爱好者喜爱的笼鸟之一，一百多年前就在国外享有盛名，近几年来，更成为国际市场上的抢手笼鸟。由于百灵鸟是一种很有"个性"的鸟，成鸟被捕获以后，大多数绝食而死，有的从此不再鸣叫。笼养百灵鸟主要是从幼鸟开始。因此，一些唯利是图的人在百灵鸟的繁殖季节，潜入美丽的草原，不论雌雄，大量捕获幼鸟，运往外地销售。那些可怜的小鸟们还没来得及享受大草原清新的空气和晶莹的晨露，就被关入牢笼，很多死于非命。

●知识点拨

鸟类一直是仿生学研究的主要对象之一，鸟类在空中自由飞行，自古以来就对人类有极大的吸引力。后来经过许多科学家的试验，弄清了鸟类定翼滑翔的机理，终于发明了飞机。之后，又受到百灵鸟的直起直落的启发，发明了直升机。

爱学舌的鹦鹉

鹦鹉天性聪慧，凭借美丽斑斓的羽毛，善于娓娓学舌的本领，为人们所欣赏和喜爱。鹦鹉圆圆的头上长着弯曲钩型的嘴，强劲有力，能咬碎坚硬的果壳。鹦鹉有4个脚趾，能牢牢地攀缘于树上。它们主要分布在温带、亚热带、热带的广大地域。

鹦鹉种类繁多，全世界有340多种鹦鹉，形态各异，羽色艳丽，体形最大的为紫蓝金刚鹦鹉，身长可达100厘米，分布在南美的玻利维亚和巴西。最小的是生活在马来半岛、苏门答腊一带的蓝冠短尾鹦鹉，身长仅有12厘米，这些小精灵携带巢材的方式很特别，不是用那弯而有力的喙，而是将巢材塞进很短的尾羽中，同类的其他情侣鹦鹉，也是用这种方式携材筑巢的。

鹦鹉一般以配偶或家族形成小群，栖息在林中树枝上，自筑巢或以树洞为巢，以浆果、坚果、种子、花蜜为食，但也有特例：如深山鹦鹉，这种生活在稀木灌丛中的鸟儿体形大，羽毛丰厚，长有又长又尖的嘴。除了具有其他鹦鹉的食性外还喜食昆虫、螃蟹、腐肉，甚至跳到绵羊背上用坚硬的长喙啄食羊肉，弄得活羊鲜血淋淋，所以当地的新西兰牧民也称其为啄羊鹦鹉。

鹦鹉聪明伶俐，善于学习，经训练后可表演许多新奇有趣的节目，是各种马戏团、公园和动物园中不可多得的鸟类"表演艺术家"，深受大众喜爱。它们可以学会各种技艺，如：衔小旗、接食、骑自行车、翻跟斗等等。

鹦鹉还具有很强的学舌本领，这与它特殊结构的鸣管和舌头有关。鹦鹉的发声器官—鸣管比较发达和完善，有四五对鸣肌，在神经系统控制下，使鸣管中的半月膜收缩或松弛，回旋振动发出鸣声。鹦鹉发声器的上、下长度与体轴构成的夹角均与人的相似。部分大、中型鹦鹉的鸣管到舌端的总长约为15厘米，与体轴形成的角度也近似直角。其他哺乳动物的发声器与体轴则不能形成直角，而是呈钝角，喉头部与气管形成的曲度较平坦。发声器与体轴成直角，便形成了有折节的腔，从而可以发出分节性的音，这种发声的分节化就是语言音和发展语言音的基础。鹦鹉的舌根非常发达，舌头富于肉质，特别圆滑，肥厚柔软，前端细长呈月形，犹如人舌，转动灵活。由于这些优越的生理条件，所以鹦鹉能惟妙惟肖地模仿人语，发出一些简单、准确、清晰的音节。

鹦鹉的这种精彩的"口技"表演其实是一种条件反射，机械模仿而已。这种仿效行为在科学上也叫效鸣。由于鸟类没有发达的大脑皮层，因而它们没有思想和意识，不可能懂得人类语言的含义。鹦鹉学舌的本领的确给人类带来了欢乐，人们喜爱这些美丽的精灵，为它们发行邮票，建立网站，组织保育协会，设定保护区，甚至把它们作为智慧的象征。

● 知识点拨

一般情况下，地震发生前会发出一些频率，其中电磁波和次声波是动物最敏感的。人耳听不到的次声波，几乎能被所有动物感应到，鹦鹉就是对次声波最敏感的动物之一。看来鹦鹉不仅会学舌，还有独特的本领呢，利用好动物自身的技能，会对人类有更大的帮助。

建筑大师——园丁鸟

在新几内亚、澳大利亚等地的森林里，栖息着一种快要灭绝的稀有珍禽——园丁鸟。它们虽没有百灵鸟悦耳的歌喉，没有孔雀婀娜的舞姿，但它们非凡的园艺天才和建筑本领，是其他鸟类所望尘莫及的。

园丁鸟是中型鸣禽，体羽光亮，雄性园丁鸟的羽毛是黑色的，但在阳光下，它的羽毛会发出微微的蓝光。雌性则完全不同，它的羽毛是浅绿色和黄色的。园丁鸟以昆虫和果实为食，叫声似清丽的铃声，是鸟类中的"建筑师"，分布于新几内亚及澳大利亚等地，有8属18种。

雄鸟具有非凡的建筑本领，并以此来博得雌鸟的青睐。它们会建造一间精致的巢穴，即一条用树枝搭出来的，周围饰以蜗牛壳、羽毛、花朵或真菌类植物等小物件的坑道。而且，雄鸟会选那些颜色与雌鸟羽毛颜色相同的物件来作装饰。如果在附近有人类居住，它们会寻找一些玻璃、瓶盖、纸片、破布、金属丝、彩色毛线之类的东西，添加到其精心修筑的美巢。它们也会从其他园丁鸟的巢里偷东西，或者破坏其他鸟的巢。当巢穴完工时，雄鸟便开始在空地上不停地跳舞，嘴里还发出悦耳的鸣叫声，邀请雌鸟光临，还不断叼起各种陈列的装饰品，举过头顶让雌鸟欣赏。它们有时也请琴鸟来伴奏，以增添喜庆的气氛，它们配合得十分默契，"表演"得惟妙惟肖。

园丁鸟有不同的种类，它们修筑的建筑物有很大不同，装饰品的选择和求婚仪式也相当多样。有的会搭棚屋状的小巢。有时候，这些鸟巢像一个小花园，周围用树篱围起来，点缀着各色的饰物。园丁鸟大多数炫耀场地比较简单，如齿园丁鸟仅在选择好的地点清理出一块1—1.5米直径的场地，然后用嘴咬断一些树叶，铺在场内，不时的更换新鲜树叶，在场地周围用碎木块或其他能找到的材料堆成一道围场。雪山亭鸟的场地比较复杂，以蜗牛壳、甲虫翅膀等物作为场地的装饰。居住在澳大利亚东部雨林中的紫园丁鸟先在林间空地上选择一个树荫不太浓的地方，清理出一块1平方米左右的地方，用一束束的树枝插成互相平行的两行，筑成一条通往亭子的几十厘米长的林荫甬道，然后着手修筑亭子，并选择黄绿色的枝叶、蓝色和黄色的花、蓝色的浆果和鹦鹉的羽毛进行装饰，甚至还会从附近居民家里找来玻璃珠、纽扣等来作装饰品。它还用蓝色浆果的果汁给亭子内部缀色，把门开在亭子南端，这样可吸收更多的阳光。在门前的空地上，铺着细枝和青草，里面有各种各样的收藏品，这些都是它求爱时向雌鸟炫耀的资本。当那些鲜花和浆果干枯后，紫园丁鸟就用新鲜的来代替。它们总是尽可能地增加自己的收藏，以此来增加向雌鸟炫耀的资本，从而得到雌鸟的喜爱。

当第一位自然学家看到这种令人难以置信的神奇建筑时还以为那是人类的杰作呢！没有哪种鸟能够编织出如此美妙的巢穴，这是雄鸟为自己心爱的伴侣献上的最好的礼物。在澳大利亚和新几内亚岛上共有19种园丁鸟，它们会用不同的建筑手法构造美丽的家园来吸引自己的配偶。

其实，吸引雌鸟的不仅仅是雄鸟用了多少东西搭建巢穴，主要看这些东西具有怎样的独特风格。园丁鸟的亭子仅仅是为求婚而设计的洞房，实际上孵卵巢是婚后由雌鸟修筑的。这是一种杯形巢，建在离亭子几百米远的空地上或树枝上。雌鸟自己单独孵卵和照顾后代，而雄鸟则继续忙于修饰亭子，引诱别的雌鸟。

雄性园丁鸟为迎娶"新娘"所搭建的新巢，让人类叹为观止。大自然的甘泉，哺育着万物生灵，不断地演绎着传奇，不断地跳跃着智慧的琴音。园丁鸟所建造的精美建筑，是对人类最好的馈赠。

纺织天才——织布鸟

织布鸟为鸟纲雀形目嘴鸟科。织布鸟嘴厚，嘴峰特曲，大小似麻雀，第1枚飞羽较长，超过大覆羽，全世界有58种，主要分布于非洲热带。织布鸟能够用草和其他植物纺织出它们的窝来，它们的巢纺织得非常精巧，有的如长颈的瓶子，有的如帐篷，且有出入口，因此有"纺织天才"的称号。

织布鸟是动物中最优秀的纺织工。每到生殖季节，雄鸟就开始了一场编织吊巢的紧张角逐。它们先把衔来的植物纤维的一端紧紧地系在选好的树枝上，用嘴来回编织，穿网打结，织成实心的巢颈。然后由巢颈往下织，密封巢顶，外壁增大，中间形成空心的巢室。在巢的底部织一个长长的飞行管道，末端留有开口。这样，巢顶既能防风遮雨，又能挡住灼热的阳光，飞行管道用来防御危险的树蛇。编巢时有时遇到大风，织布鸟还会衔一些泥团来增加巢的重量，避免被大风吹掉。

雄鸟把主体工程完成以后，就围绕着巢口振翅飞翔，炫耀求偶，但是，雌鸟对"婚房"的质量十分挑剔。如果雄鸟在一周内还没找到"对象"，就会自动拆除辛勤织起来的吊巢，并在原处重新设计和编织一个更精巧的吊巢。如果这次博得了雌鸟的赞许，它们便订下了终身大事，共同布置装点"新房"。雌鸟从入口钻进去，用青草或其他柔韧的材料装饰内部，在巢内飞行管口的周围，雌鸟还特意设置了栅栏，以防止鸟卵跌出巢外。一切工作结束之后，雌鸟便在巢内安然地产卵、伏孵、照料孩子。

有的织布鸟雌雄虽然共同筑巢，但并不同巢而居，而是各有卧室。雄鸟的风格比较高，它总要先帮雌鸟把巢做好之后再和雌鸟一起筑自己的巢。所以，凡是挂着织布鸟巢的树上，至少是有两只"葫芦"高挂空中，说明这里住着一对织布鸟。

织布鸟喜欢群居，适应能力较强，主要活动于农田附近的草灌丛中，常结成数十以至数百只的大群。性情活泼，主要取食植物种子，在稻谷等成熟期，也窃食稻谷。织布鸟用它灵巧的嘴，天才的艺术构思，纺织出最精美的瓶状巢，这些天然艺术品不但漂亮，而且巧夺天工，是一种不朽的大自然杰作，是人类建筑构思时取之不尽的创作源泉。织布鸟作为人类的朋友，是当之无愧的纺织家，为人们展现了无与伦比的建筑艺术品。在科学发展一日千里的今天，建筑的造型、设计、计算、用材、施工、选址等都有待于创新与发展，鸟巢不正是我们模仿、借鉴、学习的榜样吗？

森林医生——啄木鸟

啄木鸟是重要的森林益鸟，全世界有200多种。其中我国有20多种，分布极为广泛，它们以在树皮中探寻昆虫、在枯木中凿洞为巢而著称。对控制树木虫害非常有益，95%以上的过冬害虫都能被它消灭，所以是称职的"森林医生"。

人们在寂静的山林里，经常见到啄木鸟攀在树干上，用它的喙叩敲着树木，发出"笃""笃"的声音，这正是啄木鸟在捕捉森林害虫，为树林"治病"。大多数啄木鸟终生都在树林中度过，在树干上螺旋式地攀缘搜寻昆虫，只有少数在地上觅食的种类能像雀形目鸟类一样栖息在横枝上。多数啄木鸟以昆虫为食，但有些种类食果实。春天，占据各自领域的雄啄木鸟大声鸣叫，并常常啄击空洞的树干，偶尔还敲击金属，从而增加声响，但在其他季节啄木鸟通常无声。啄木鸟多无集群性，往往独栖或成双活动。不同种的啄木鸟形体大小差别很大，从十几厘米到四十多厘米不等。

啄木鸟具有极为高超的攀缘树干的本领，可以在又直又滑的树干上攀登自如，能够在树干和树枝间以惊人的速度敏捷地跳跃。它们能够牢牢地站立在垂直的树干上，这与它们足的结构有关。啄木鸟的足上有两个足趾朝前，一个朝向一侧，一个朝后，趾尖有锋利的爪子。啄木鸟的尾部羽毛坚硬，可以支在树干上，为身体提供额外的支撑。

啄木鸟还有在树上凿孔钩虫的本领。它的嘴巴又长又尖又硬，就像木匠用的凿子一样，不仅能啄开树皮，而且能一直插进坚硬的木质部位，直捣害虫的巢穴。它的舌头又长又细，还长了许多倒刺，表面布满一层黏液，不管害虫隐藏多深，都可以准确无误地把害虫钩出来，就是幼虫和虫卵也别想逃脱，啄木鸟舌头上的黏液可以把它们粘出来。

啄木鸟的食量很大，一口气可以吞下900条甲虫的幼虫或1 000只蚂蚁，而且食类广泛，毛虫、甲虫、天牛、虫茧来者不拒。一对啄木鸟就能保卫"数十亩树木"免受虫害。

动物学家曾精确研究过啄木鸟觅食的行为，发现它们啄木的频率达到每秒15到16次，头部向前运动的速度几乎是声音在空气中速度的2倍，比冲锋枪发射子弹的速度还要快得多，相当于每小时越过2 092公里。科学家们经计算得出，在如此快的速度下，啄木鸟头部所承受的冲击力等于它所受重力的1 000倍，相当于太空人乘火箭起飞时所受压力的250多倍。

啄木鸟啄木时，在如此大的冲击力作用下，为什么脑部从来不会受损伤，也不会产生头痛症呢？动物学家对啄木鸟的头部进行解剖时找到了答案：啄木鸟的头骨十分坚固，并在大脑的周围有一层海绵状骨骼，里面充满了液体，在它的脑骨外的肌肉特别发达能够消减震动。啄木鸟的头颈部的肌肉配合得天衣无缝，不会产生一点误差。因此它在啄木运动时喙与头部始终保持在一条直线上，这样，尽管啄木鸟每天啄木达1.2万次，它的头部不会受到任何损伤。假如啄木鸟在啄木时头部稍微一歪，这个旋转动作加上冲击力，就会损伤脑部，但事实上是不会出现的。科学家们从啄木鸟的头部结构中得到了启示，利用仿生学，设计出各种安全帽和防震盔。在设计安全头盔时，盔顶又坚又薄，在内部填充了坚固轻便的海绵状材料外，还装上一个保护领圈。由于头部保持直线向前，不产生转动，就可保证平安，所以这种头盔比一般防护帽安全得多。除此之外在精密物品的包装运输时，也常使用一些海绵状的减震填充材料。

飞行冠军——军舰鸟

军舰鸟是一种大型热带海鸟，又名军人鸟。全世界目前已知的有五种，主要生活在太平洋、印度洋的热带地区，我国的广东、福建沿海及西沙、南沙群岛也有分布。它们是世界上飞行最快的鸟，胸肌发达，善于飞翔，素有"飞行冠军"之称。

军舰鸟的飞行本领很强，它们的翅膀长而尖，极善飞翔。两翅展开足有2—5米之长，捕食时的飞行时速可达每小时400公里左右，飞行速度极快，技巧很高。它不但能飞达约1 200米的高度，而且还能不停的飞往离巢穴1 600多公里的地方，最远处可达4 000公里左右。能在高空翻转盘旋，也能飞速地直线俯冲，高超的飞行本领着实令人惊叹。有人曾看见军舰鸟在12级的狂风中临危不惧，安全从空中飞行、降落。军舰鸟会非常合理地利用身体能量，滑行时几乎不耗能。军舰鸟的飞行时间很长，除了睡觉和筑巢，否则不会在地面上停留。它们的羽毛没有足够的脂肪防水，因此从不主动降落在水面上。

军舰鸟经常捕捉小海龟和其他小鸟，还很讲卫生，每次吃完东西，都会降落在海面上清洗一下。雄军舰鸟繁殖期间，它的喉囊会变成鲜艳的绯红色，并且膨胀起来。雌鸟产下一枚蛋后，雄鸟的喉囊才慢慢瘪下去，颜色也变回暗红色。雌雄鸟一同筑巢，雌鸟负责搜集大多数细枝，雄鸟则把细枝铺成一个台。雄鸟不但忙于寻找食物，还要替换"妻子"孵卵20天左右。经过45天的孵卵期，雏鸟终于破壳而出。它们全身裸露，细眼紧闭，仅能从父母嘴中啄取食物充饥，6个月后，小军舰鸟就能展翅扑飞，但还要靠父母喂养一段时间，等到一岁之后才能独自生活。它们的寿命超过30年，算是鸟类中的老寿星了。

军舰鸟具有高超的捕鱼和食鱼本领。它们白天常在海面上巡飞遨游，窥伺水中食物。一旦发现海面有鱼出现，就迅速从天而降，准确无误地抓获水中的猎物，练就了一手捕鱼绝技和食鱼妙法。有趣的是，军舰鸟时常懒得亲自动手捕捉食物，而是凭着高超的飞行技能，拦路抢劫其他海鸟的捕获物。如果它看到邻居红脚鲣鸟捕鱼归来时，便对它们突然发起空袭，迫使红脚鲣鸟放弃口中的鱼虾。军舰鸟还爱吃飞鱼，它巧妙地将鲷鱼作为捕食飞鱼的亲密伙伴。鲷鱼也酷爱吃飞鱼，凡是有飞鱼群出现，定会有鲷鱼尾随追击。军舰鸟正是在鲷鱼追击飞鱼的时候，在飞鱼群上空紧紧追踪，密切注视，寻找捕猎飞鱼的瞬间良机。当鲷鱼冲到飞鱼群中，飞鱼为逃命而跃出水面，在空中滑翔，这时军舰鸟便迅速俯冲下去，准确无误地瞄准飞鱼，一张口就叼在口中。

美国导弹专家对此产生了浓厚的兴趣，专门做了深入研究，发现军舰鸟的这手绝招，是利用了万有引力。在它张口叼鱼的时刻，正是飞鱼在空中滑翔受到万有引力作用而即将下落的时刻，此刻会出现滑翔的瞬间"暂停"。美国导弹专家受此启迪，将这一机理应用于"爱国者"导弹，结果成了在空战中拦截"飞毛腿"导弹的能手，名扬全球。

中国有3种军舰鸟。小军舰鸟，成鸟全为黑色，两翅有褐色斑带。夏季遍布广东、福建沿海及西沙群岛。白腹军舰鸟，大小与小军舰鸟相似，雄性成鸟体羽大都黑色，但腹白色。雌性喉黑腹白。属漂泊鸟，广东沿海岛屿偶见繁殖。白斑军舰鸟，雄性成鸟上体黑色，头、背具蓝色光泽，下体羽表面浅褐色，前腹两侧各具1白斑。雌鸟体羽一般为黑色，喉和前颈灰白，背有浅紫光泽，后颈具栗色领环，翅上覆羽有褐色块斑，胸和胸侧呈淡黄白。

空中邮递员——鸽子

鸽子是鸽形目鸠鸽科数百种鸟类的统称。鸽子有野鸽和家鸽两类，野鸽主要分树栖和岩栖两类。家鸽经过长期培育和筛选，有食用鸽、玩赏鸽、竞翔鸽、军鸽和实验鸽等多种。人们利用鸽子较强的飞翔力和归巢能力，培养出不同品种的信鸽，因此鸽子有"空中邮递员"的称号。

鸽子的本领很多，它具有敏感的振动感觉。鸽子腿部的胫骨和腓骨骨膜间长有叫做"哈氏小体"的振动感受器，它好似振动监测器的拾振器，对极微小的震动都能感觉到；鸽子还有敏感的磁场反应。在鸽子的头部有一块突起的"感磁骨"，能感知磁场的变化，对30—70纳特的微小变化都能感知；鸽子的视力也很敏锐，鸽子眼睛的视网膜特别发达，是由六种特殊的神经细胞组成的。美国海军曾利用鸽子的敏锐视觉进行侦察试验，取得了一定成果。鸽子眼能看到人们肉眼无法看到"偏振光""红外光"和"紫外光"；鸽子有较强的声音感知力，对声音感知灵敏，它的外耳道上有一鼓起的肉团，能感知低频率的地声，因此鸽子能捕捉到地震信息。

鸽子反应机敏，警觉性较高，对周围的刺激反应十分敏感。还具有很强的记忆力，具有很强的归巢本领。无论家鸽还是野鸽，一般来说，它们的出生地就是它们一生生活的地方，任何生疏的地方，对鸽子来说都是不理想的居地，都不安心逗留，时刻都想返回自己的"故乡"，尤其是遇到危险和恐怖时，这种"恋家"的欲望更强烈。若将鸽子携至距"家"百里、千里之外放飞，它都会竭力以最快的速度返归，并且不愿在途中任何生疏的地方逗留或栖息。它在晴空万里之时可依太阳位置作为航标，在乌云密布或夜幕之中，它也可以凭借地球磁场的差异而准确地向家乡前进，时速可以达到每小时70公里。它凭借自己独特的识路本领在军事方面做出了重要贡献。用鸽子传递情报而获胜的战例甚多，尤其是第二次世界大战期间，英、美、法、苏都充分发挥了鸽子的优势。立功受奖的军鸽很多，如"缅甸皇后"、勇敢的"女爵士"、军鸽"功勋号"等，名垂千古。

早在古时候，人们就懂得用鸽子来传递信息了。古罗马人很早就了解到鸽子具有识别方向和归巢的能力，他们在体育竞赛获胜后，常通过放飞鸽子来传达胜利的喜讯。古埃及渔民在出海捕鱼的时候，也多带着鸽子，当发现鱼群或遇到险情时，便通过放飞鸽子来传递鱼讯或求救的信号。奥维德在一本著作中记述了一个叫陶罗斯瑟内斯的人，把一只鸽子染成紫色后放出，让它飞回家中向父亲报信，告知他自己在奥林匹克运动会上赢得了胜利。1150年，巴格达苏丹在他的帝国各城之间建立了邮政系统，这个邮政系统的主角就是鸽子。

在科学技术高度发达的今天，利用信鸽传递军事情报仍然有着极其重要的意义。例如，当无线电信号受到强大的干扰时，信鸽传书就不失为一个极好的替代方法。有时，还可以在信鸽胸前系上微型摄像机，用来拍摄工程设施和军事目标。西方国家的军队、特工、警察都养有高质量的信鸽，就连美国这样拥有高科技通信绝对优势的国家，在其各式各样的军队中也都养有专供现代战争通信使用的信鸽。在许多外国军队中，信鸽竞翔还是军事体育竞赛不可缺少的项目。

人们根据鸽子的腿上一个小巧而灵敏的感受地震的特殊结构，仿制出新型地震仪，使地震预报更加准确。鸽子眼睛有着特殊的识别本领，这是由于它的视网膜上有6种功能专一的神经节细胞。据此，科研工作者分别模拟研制了叶亮度检测器、普通边检测器、凸边检测器、方向检测器、垂直边检测器、水平检测器；并模仿其视网膜上的细胞结构制成了鸽眼电子模型，虽结构还不及它的复杂和完善，但安装在警戒雷达上，应用于电子计算机处理有关数据方面已有广阔的前景。

随着现代仿生学的进一步成熟和完善，关于鸽子与人类的神话还将继续延续并且开出更绚丽的奇葩。

空中霸王——金雕

金雕俗称鸷雕，雕属中体形最大的一种，是飞行速度较快的大型猛禽。它不仅面目凶，捕捉猎物的动作也凶狠异常，它的飞行速度之快、时间之长、行动之敏捷，堪称鹰中之最，是名副其实的"空中霸主"。

金雕以其突出的外形和敏捷有力的飞行著名，属漂移鸟类。生活在草原、荒漠、河谷，特别是高山针叶林中，最高达到海拔4 000米以上。多去荒坡、沼泽、林间空地觅食。主要捕食野兔等，有时攻击狍等动物，也吃大型动物尸体。金雕羽毛主要为褐色，腿上全部披有羽毛，脚是三趾向前，一趾朝后，趾上都长着锐如狮虎的又粗又长的角质利爪，内趾和后趾上的爪更为锐利。

金雕不仅外形威武，而且捕猎的本领高超。它善于翱翔和滑翔，飞行速度极快，常沿着直线或圈状滑翔于高空，具有机智灵活的捕猎方式。在搜索猎物时，金雕是不会快速飞行的，它们在空中缓慢盘旋，一旦发现猎物，便以每小时300公里的速度迅雷不及掩耳之势从天而降，并在最后一刹那戛然止住扇动的翅膀，牢牢抓住猎物的头部，将利爪戳进猎物的头骨，使其立即丧失性命，然后便扇动双翅，疾若闪电般飞向天空。刚刚出窝的狼崽常常遭到这种袭击，待母狼赶来营救已为时过晚。在空中，金雕也能随心所欲地捕食。有人记述过金雕从地面冲上天空，捕食野鸡的情形：金雕冲上天空，当飞到野鸡下方时，突然仰身腹部朝天，同时用利爪猛击野鸡。野鸡受伤后直线下落，金雕又翻身俯冲而下，把下落的野鸡凌空抓住。抓获猎物时，它的爪能够像利刃一样同时刺进猎物的要害部位，撕裂皮肉，扯破血管，甚至扭断猎物的脖子。巨大的翅膀也是它的有力武器之一，有时一翅扇过去，就可以将猎物击倒在地。金雕常单独或成对活动，冬天有时会结成较小的群体，偶尔也能见到20只左右的大群聚集一起捕捉较大的猎物。白天常见在高山岩石峭壁之巅，以及空旷地区的高大树上歇息，或在荒山坡、墓地、灌丛等处捕食。

金雕用柔软而灵活的两翼及尾的变化来调节飞行的方向、高度、速度和飞行姿势。经过训练的金雕，可以在草原上长距离地追逐狼，等狼疲惫不堪时，一爪抓住其脖颈，一爪抓住其眼睛，使狼丧失反抗的能力，曾经有抓狼14只的记录。作为空中霸王，金雕在捕捉猎物时，充分展现了它的威猛和凶狠，它的尖嘴和利爪能准确地攻击猎物的要害部位，致其死命。人们把金雕捕食的动作融进了少林武术的拳套中，形成了著名的"金雕展翅"。

金雕喜欢把巢建在难以攀登的悬崖上，因为这些地方人和其他动物很难接近。一对金雕占据的领域非常大，有近百平方千米，对接近它们巢的任何动物，它们都会以利爪相向。营巢材料主要以垫状植物的根枝堆积而成，内铺以草、毛皮、羽绒等。金雕是珍贵猛禽，在高寒草原生态系统中具有十分重要的位置，数量稀少，而且其羽毛在国际市场价格昂贵，特别需要保护。在全世界的动物园里，没有人工繁殖过一只金雕，因为这种鸟最向往自由与爱情，它们不屑于人工饲养，甚至在动物园里以撞笼而死相抗争。

金雕素以勇猛威武著称。古代巴比伦王国和罗马帝国都曾以金雕作为王权的象征。在我国忽必烈时代，强悍的蒙古猎人盛行驯养金雕捕狼。时至今日，金雕还成了科学家的助手，它们被驯养后用于捕捉狼崽，对深入研究狼的生态习性起过不小的作用。

自然界的清洁工——秃鹫

秃鹫是高原上体形硕大，比较威猛的飞禽，它那带钩的嘴非常厉害，捕捉猎物猛、准、狠，几下就将猎物的内脏啄开。秃鹫大多喜欢食哺乳动物的尸体，一般情况下，腐尸都会被它打扫得干干净净，因此，它有"大自然清洁工"的美称。

秃鹫体形大，是高原上体格最大的猛禽，当它展开翅膀时，两翼可达两米以上。它的毛色以棕黑色为主，头部颈部只有微薄的绒毛，由于食尸的需要，它那带钩的嘴变得十分厉害，可以轻而易举地啄破撕开坚韧的牛皮，拖出沉重的内脏；裸露的头能非常方便地伸进尸体的腹腔；秃鹫脖子的基部长了一圈比较长的羽毛，它像人的餐巾一样，可以防止食尸体时弄脏身上的羽毛。

秃鹫所吃的动物尸体中，有自然衰亡的，也有得病而死的。但秃鹫不管青红皂白，全都吞食。为什么它们不会被病菌感染呢？原因十分简单：秃鹫的胃中含有浓酸，可以消化尸体内的细菌，并且它们在吃完食后，常吐出一种黏液状物质涂刷双脚，这种分泌物是一种有效的消毒剂，能杀死脚爪上的细菌；而且它们喜欢晒太阳，由于头颈没有羽毛的遮拦，在阳光中紫外线的强烈照射下，沾在头颈上的细菌和寄生虫卵就被杀死。实际上，秃鹫吃掉死动物的尸体，不仅没有传播疾病，还能减少动物疾病的传播，于是，它们便成了大自然的"清洁工"。

秃鹫大多在海拔2 000—5 000米的高山、草原，栖息于高山裸岩上，筑巢于高大乔木上，以树枝为材，内铺小枝和兽毛等。大多进食较杂，食腐肉、垃圾，甚至排泄物，很少突然袭击活体动物。少数偶尔会捕获无助的动物如羊羔、龟。雄秃鹫每天辛辛苦苦地四处觅食，一回到家里，马上张开大嘴，把吞下去的食物统统吐出，先给雌鸟吃较大的肉块，然后再耐心地给幼鸟喂碎肉浆。秃鹫的胃口很大，每次都要吃到脖子被装满为止。因而，雄鸟带回来的食物常被妻子、儿女吃得精光。

秃鹫有自己独特的、节省能量的飞行方式——滑翔。它们在荒山野岭的上空悠闲地盘旋着，用自己特有的感觉，捕捉着肉眼看不见的上升暖气流。它们依靠上升暖气流，舒舒服服地继续升高，以便向更远的地方飞去。如果发现乌鸦、豺等正在撕食尸体，就会降低飞行高度，作进一步的侦察，从近距离察看对方的腹部是否有起伏，眼睛是否在转动。倘若还是一点动静也没有，便开始降落到尸体附近，悄无声息地向对方走去。此时它们既迫不及待想动手，又怕上当受骗遭暗算，就用嘴啄一下尸体，马上又跳了离开，这时如果对方仍然没有动静，秃鹫便放下心来，一下子扑到尸体上狼吞虎咽起来。

其貌不扬的秃鹫还有使用工具的本领，是鸟类中会使用工具的佼佼者。在坦桑尼亚的原野上，常常可以看到鸵鸟丢失的蛋。鸵鸟蛋大如皮球，壳厚而坚硬。秃鹫用嘴叼来石块，再用石块不断撞击蛋壳，砸碎而食之。秃鹫在饥饿时，会攻击牦牛、野驴等庞大动物。它的力量不够，就先从地面抓取棱角尖锐的大石块，飞上高空，然后瞄准目标，轮番投"弹"轰炸，直到把猎物砸昏才俯冲下来，撕吃其肉。

秃鹫形态特殊，可供观赏，其羽毛有较高经济价值。在牧区，秃鹫受到民间保护，但20世纪90年代以来常有人捕杀制作标本，作为一种畸形的时尚装饰，加上秃鹫本身繁殖力较低，使本种群受到了一定破坏。

海洋天使——海鸥

在海边、海港、盛产鱼虾的渔场，人们总能看见或欢腾雀跃、或悠然自得地漂浮在水面、或低空飞翔的海鸟，它们就是海鸥。碧海群鱼跃，蓝天鸥鸟飞，海鸥的存在使富饶的海洋充满勃勃生机。

海鸥是美丽的，也是人类的朋友。由于人们与海鸥在海洋上"和平共处""人爱鸟，鸟知情"，海鸥便是海员、水兵的忠实朋友。对舰船来说，一旦在航行中遇到不测，沉船失事，海鸥会马上集成大群，在失事舰船上空大声吼叫，以引导救援舰船来援救。

海鸥还是海上航行安全的"预报员"。乘舰船在海上航行，常因不熟悉水域环境而触礁、搁浅，或因天气突然变化而发生海难事故。富有经验的海员都知道：海鸥常着落在浅滩、岩石或暗礁周围，群鸥鸣噪，这对航海者无疑是发出提防撞礁的信号；同时它还有沿港口出入飞行的习性，每当航行迷途或大雾弥漫时，观察海鸥飞行方向，也可作为寻找港口的依据。

海鸥还有预测天气的本领。如果海鸥贴近海面飞行，那么未来的天气将是晴好的；如果它们沿着海边徘徊，那么天气将会逐渐变坏。如果海鸥离开水面，高高飞翔，成群结队地从大海远处飞向海边，或者成群的海鸥聚集在沙滩上或岩石缝里，则预示着暴风雨即将来临。海鸥之所以能预见暴风雨，是因为海鸥的骨骼是空心管状的，没有骨髓而充满空气。这不仅便于飞行，又很像气压表，能及时地预知天气变化。此外，海鸥翅膀上的一根根空心羽管，也像一个个小型气压表，能灵敏地感觉气压的变化。

海鸥还是"海港清洁工"，它除了以鱼虾、蟹、贝为食外，还爱捡食船上人们抛弃的残羹剩饭，港口、码头、海湾、轮船周围它们几乎是常客。在航船的航线上，也会有海鸥尾随跟踪，就是在落潮的海滩上漫步，也会惊起一群海鸥。

海鸥也会建造自己的"房子"，它们喜欢在海岛的岩礁缝隙或坑洼里，在草地的杂草里、在灌木丛里，用枯草、树枝、羽毛、海草等筑起皿形巢。有的地方鸟巢的密度很大，两个巢之间相距1—2米远。各亲鸟都划定自己的"势力范围"，不准其他鸟入侵，所以"邻居"间难免要经常争吵。

海鸥的归家本领很强，雌、雄都能回到它们上一年筑的巢里。每巢产卵2—4个，双亲都孵卵，约25天就能孵出雏鸥，40天后小海鸥飞向大海，开始独立生活。

海鸥还有一种奇特的本领，能够把海水淡化，原来在它的嘴眼之间有一个涎腺，能分泌涎液。这涎腺就是它的"海水淡化器"。人类正在研制这种仿生淡化器。

高空猎手——游隼

游隼是一种中型猛禽，翼长有力，飞行迅速，性情凶猛，喙短呈钩状，脚趾很长，尖端弯曲呈钩爪状，喙爪配合能迅速地撕碎猎物，具有高超的捕食本领。

游隼常栖息于沿海地区，在江湖上空疾飞，以掠捕野鸭等鸟类为食。当它发现目标后，不声不响立即加快速度，追上正在飞行的猎物，迅速地伸出强健的脚掌，狠击猎物的头部、背部，如果一次打不中，或即使打中，但猎物尚未失去飞翔能力，那么它故技重演，卷土重来，快速上升到猎物上方，突然俯冲下去重新抽打，直到猎物失去知觉后抓获。就在游隼向下俯冲的一刹那，它的时速可达每小时360公里，成为鸟类中短距离飞行的健将。游隼在猛禽中比较凶残，它抓住猎物后，先用嘴啄破其颈部，使它流血过多而死，然后啄去羽毛，把肉撕裂成小块吞食。有时它们饿极了，竟敢去猎捕比它身体还大的野鸭。游隼在我国北方是旅鸟，在南方是冬候鸟。游隼常单独活动在农田、河谷及草地的开阔地区，虽以捕食鸟类为主，但也能捕食鼠类，对农作物尚有一定益处。

游隼的幼雏披白色绒毛，上体黑褐色，下体有纵纹。在亲鸟的精心哺育下，40天后即可离巢生活。雏鸟一旦离巢，就有凶残的捕食特技。一对游隼和它的一窝儿女，一个夏季要捕杀二三百只中型鸟类，所以猎人常驯养它，作为狩猎的助手。

游隼分布广泛，从寒冷的北极到非洲的南端都有它们的踪迹。第一次世界大战期间，德国曾驯养大批游隼，利用它们在空中截击同盟国用于传递信息的信鸽。这样做，确实破坏了协约国的情报系统，但是，游隼不能识别敌我，它们也不会放过德国的信鸽，德国人这才被迫停止使用游隼。我国也有游隼，但主要是冬候鸟，而且数量十分稀少。

目前，在世界范围内，游隼受到严重的威胁，数量正在急剧下降。造成这一现象的主要原因是世界范围的滥用农药。游隼捕食体内积存农药的猎物后，它们的生殖系统受到损害，降低产卵率和胚胎的成活率。更严重的是，在包括游隼在内的许多猛禽脑部血液中检测出微量的农药，这对游隼高度发达的运动调节系统无疑是一个潜在的威胁。一旦脑部的农药量达到中毒水平，游隼不仅不再是捕猎能手，而且很可能连飞翔都困难了。在美国，游隼被认为已濒临绝迹，许多科学家正全力以赴，投入拯救和保护工作。这种风靡一时的猎鹰还能重振雄风吗？我们拭目以待。

春天的使者——家燕

提起燕子，人们就会想到那个小巧的身体，俊俏轻快的翅膀，剪刀似的尾巴，活泼机灵的身影。家燕是人类的益鸟，当秋风萧瑟、树叶飘零时，家燕成群地向南方飞去，到了第二年春暖花开、柳枝发芽的时候，它们又飞回原来生活过的地方，所以人们称燕子为"春天的使者。"

家燕善于飞行，具有高超的飞行特技。它的飞行速度每小时可达120公里，它们一会儿像箭一样贴墙飞行，一会儿又垂直地直冲云天；它们能够倏忽来个180° 大转弯，或者翼不振，翅不摇，干脆在空中滑翔几分钟。

家燕筑巢的本领非常高，堪称是鸟类中出色的"建筑师"。它们喜欢在池塘边、田边、地埂等湿泞的泥土上，啄一口混着杂草根的湿泥飞回家来。在飞回的路上，湿泥混合着唾液，使泥料更加黏，吐出的泥丸被风一吹，很快就变得坚硬而结实。筑好的燕巢像半个饭碗，上面的口敞着，巢里铺着柔软的羽毛和细草，既美观又结实。

家燕又是个捕虫能手。农谚说得好："燕子田野飞，五谷堆成堆。"一只燕子一天能吃掉蚊、蝇等害虫7 000多只，一个夏天吃掉的害虫至少有几十万只。它们为保护庄稼，默默无闻地辛勤劳作。它们是益鸟，是人类的朋友。

家燕习惯于在空中捕食飞虫，不善于在树缝和地隙中搜寻昆虫食物，也不能像松鸡和雷鸟那样杂食浆果、种子和在冬季改吃树叶。可是，在北方的冬季是没有飞虫可供燕子捕食的，燕子又不能像啄木鸟和旋木雀那样去发掘潜伏下来的昆虫的幼虫、虫蛹和虫卵。食物的匮乏使燕子不得不每年都要有一次秋去春来的南北大迁徙，以得到更为广阔的生存空间。所以它们每年冬天来临之前总要进行一次长途旅行——成群结队地由北方飞向遥远的南方，去那里享受温暖的阳光和湿润的气候。

家燕很聪明，欧洲的燕子在向南方越冬飞行时，能够发现穿越阿尔卑斯山的隧道。它们不是飞越高山，而是成群结队地穿过这些隧道，向目的地前进，从而节约了飞行时间和自己的精力。

家燕还有着惊人的记忆力，无论迁飞多远，哪怕隔着千山万水，它们也能够靠着自己惊人的记忆力返回故乡。燕子像许多其他动物一样，有着人类无法比拟的知觉天赋。

有时，霸道的麻雀会坐享其成，强占家燕们舒适的窝，家燕可不会就此罢休，它们群起而攻之，把麻雀轰走。有时实在赶不走麻雀，家燕便会十分"残忍"地衔来泥土、树枝，封死巢穴，把麻雀们统统"活埋"。

●知识点拨

体育仿生源远流长，许多动物是天生的运动员，燕子飞翔时完善的平衡使人们深受启发，由此创造了体操中的燕式平衡等，这都是仿生学在体育上的成功运用。

奇异的巨嘴鸟

在拉丁美洲的热带森林中，生活着一种样子很特别的鸟，叫巨嘴鸟。它外形像犀鸟，体长70多厘米，可是嘴长却有22厘米，几乎是整个身躯的1/3，嘴宽达到8厘米，真是名副其实的大嘴鸟。

巨嘴鸟的镰刀嘴与身躯的比例很不相称，显得特别笨重，真叫人为它的脖子担心，怕那粗壮的嘴会把颈骨压断。其实不然，它的嘴虽然体积很大，但是很轻，还不到30克重。

原来巨嘴鸟的嘴骨构造很特别，它不是一个实体，只是外面有一层薄薄的硬壳，中间贯穿的则是极细的海绵状的骨质组织，里面还充满着空气。因此，它丝毫不觉得沉重，啄食、飞行都非常灵活。

巨嘴鸟后背和尾基的脊椎骨进化得很独特，从而使尾部能够贴于头部。于是，巨嘴鸟栖息时将头和喙埋于向前遮覆的尾羽下，看上去犹如一个绒球。

巨嘴鸟外表华丽多彩，特别是嘴喙，更是美丽，上半部是黄色略带淡绿，下半部是蔚蓝色，喙尖是一点殷红。再配上眼睛四周一圈天蓝色的羽毛，橙黄的胸脯，漆黑的背部，在各种主色中还镶嵌着彩辉，显得格外鲜艳。它的叫声响亮而粗厉，在很远的地方都能听到。

巨嘴鸟生性灵敏，警惕性很高，在成群活动时，总有一只鸟像"哨兵"似的守卫在周围，以防止敌害的突然袭击，因而不易捕获。它脚上有四趾、两前两后，可是并不攀缘向前，而是跳跃前进，在地面上活动时，两脚分得很宽，像是一大胖子在跳远，很是有趣。

巨嘴鸟还有一个有趣的进食方法，它吃东西时总是先用嘴尖啄起一块，然后仰起脖子，把食物向上抛起，再张开大嘴，准确地落入喉咙里，而不必经过它那长大的嘴，真是节约时间的能手。它们以果实、种子和昆虫为食，有时它们也掠夺鸟蛋和雏鸟。它们以树洞为巢，一次产蛋2—4枚。

群居的巨嘴鸟规模一般不大，飞行时成零零星星的一列。大型的巨嘴鸟类飞行时常常先扇翅数下，然后收翅呈下落之势，继而展翅作短距离滑翔，之后重新开始扇翅上飞。由于长途飞行对它们而言显得困难重重，故很少穿越大片的空旷地或宽阔的河流。小型种类则相对扇翅频率要快得多，其中簇舌巨嘴鸟外形似长尾小海雀，但飞行时也呈单列。巨嘴鸟喜栖于高处的树干和树枝上，雨天它们会在那上面的树洞里用积水洗澡。配偶会相互喂食，但栖于枝头时并不紧挨在一起，而是用长长的喙轻轻地给对方梳羽。

百鸟之王——孔雀

孔雀是体形最大的雉科鸟类，头部较小，雄鸟全长约140厘米，雌鸟约100厘米。雄鸟体羽翠蓝绿色，下背闪紫铜色光泽。头顶有一簇直立的羽冠。尾上覆羽延伸成尾屏，可达1米以上，形成孔雀特有的尾屏。开屏时显得异常艳丽、光彩夺目，有"百鸟之王"的美誉。世界上的孔雀主要有蓝孔雀、刚果孔雀和中国的绿孔雀。

孔雀因其能开屏而闻名于世，开屏时羽毛绚丽多彩，羽支细长，犹如金绿色丝绒，其末端还有众多由紫、蓝、黄、红等色构成的大型眼状斑。能够自然开屏的只能是雄孔雀，而雌性却其貌不扬。雄孔雀身体内的生殖腺分泌性激素，刺激大脑，展开尾屏。春天是孔雀产卵繁殖后代的季节，于是，雄孔雀就展开它那五彩缤纷、色泽艳丽的尾屏，还不停地做出各种各样优美的舞蹈动作，向雌孔雀炫耀自己的美丽，以此吸引雌孔雀。

孔雀也有保护自己的方法。在孔雀的大尾屏上，我们可以看到五色金翠线纹，其中散布着许多近似圆形的"眼状斑"，这种斑纹从内至外是由紫、蓝、褐、黄、红等颜色组成的。一旦遇到敌人而又来不及逃避时，孔雀便突然开屏，然后抖动它"沙沙"作响，很多的眼状斑随之乱动起来，敌人畏惧于这种"多眼怪兽"，也就不敢贸然前进了。

孔雀双翼不太发达，飞行速度慢而显得笨拙，只是在下降滑飞时 稍快一些。腿却强健有力，善疾走，逃窜时多是大步飞奔。觅食活动，行走姿势与鸡一样，边走边点头。栖息在海拔2 000米以下的河谷地带，也有生活在灌木丛、竹林、树林的开阔地。多见成对活动，也有三五成群的。食物以蘑菇、嫩草、树叶、白蚁和其他昆虫为主。每年二月中旬进入繁殖期，每窝下蛋4—8枚。

孔雀是最美丽的观赏鸟，是吉祥、善良、美丽、华贵的象征。有特殊的观赏价值，羽毛用来制作各种工艺品，而且人工饲养的孔雀，含有高蛋白、低能量、低脂肪、低胆固醇，可作为高档佳肴。在印度，人们把蓝孔雀作为国鸟。

穿"红衣"的火烈鸟

火烈鸟又叫红鹳，是唯一用过滤法来吞食食物的鸟类。它们的颈、腿较长，三个前趾为全蹼。体形很大，约为130—142厘米，双翼展开为160厘米以上。它的羽毛除了飞羽是黑色的，其余为红色的，像一团团燃烧的烈火，因此而得名。主要分布在非洲北部、亚洲西部和亚热带美洲的大西洋沿岸一带。

火烈鸟体形长得很奇特，身体纤细，头部很小。镰刀形的嘴细长弯曲向下，前端为黑色，中间为淡红色，基部为黄色。黄色的眼睛很小，与庞大的身躯相比，显得很不协调。细长的颈部弯曲呈"S"形，双翼发达而尾羽却很短。它还有一双又细又长的红腿，脚上向前的3个趾间有红色的全蹼，后趾则较小。整体形态显得高雅而端庄，无论是亭亭玉立之时，还是徐徐踱步之际，总给人以文静轻盈的感觉。

火烈鸟主要栖息在盐水湖泊、沼泽及礁湖的浅水地带，以小虾、蛤蜊、昆虫、藻类等为食，有一个极其别致的长喙。长喙上平下弯，尖端呈钩状。每到浅滩觅食，火烈鸟就将其头埋到水中，用其长喙在水中搅动，这样，水中的有机物，特别是那些藻类浮游生物，就漂浮到水面，火烈鸟趁机一股脑儿吞到口中。口中生有一种薄筛状的过滤板，能将螺旋藻从浑水中过滤出来，然后吞下肚去。火烈鸟是自然界唯一用这种过滤办法觅食的禽鸟，一只火烈鸟每天大约吸食半斤螺旋藻。

火烈鸟羽毛鲜艳的颜色似乎非常引人注目，特别是一大群大火烈鸟一起飞翔时，其场景蔚为壮观，非常显眼。其实这种鲜艳的红色并非是一种伪装，而是与这种鸟类所摄取的食物有很大的关系。火烈鸟一般以贝类为食，其中含有大量色素，比如类胡萝卜素。对于各种贝壳类、软体类动物或者蠕虫来说，类胡萝卜素与它们体内的蛋白质合成有着非常重要的联系。此外，火烈鸟每天还要吃掉大量的螺旋藻，而螺旋藻中除含有大量蛋白质外，还含有一种特殊的叶红素。当火烈鸟吞食这些食物后，这些色素就存在鸟的体内，特别是在羽毛中积存起来，这就是它们的羽毛如火焰般鲜红的原因。当大火烈鸟进行周期性换羽，而体内色素沉积程度还不够时，它新长出的羽毛就是白色的。

火烈鸟喜欢群居，在非洲的小火烈鸟群是当今世界上最大的鸟群。火烈鸟不是严格的候鸟，只在食物短缺和环境突变的时候迁徙。迁徙一般在晚上进行，在白天时则以很快的速度飞行，目的在于避开猛禽类的袭击。迁徙中的火烈鸟每晚可以以每小时50到60公里的时速飞行600公里。

火烈鸟筑巢的本领也很强，总是挑选在三面环水的半岛上筑巢而居。筑巢时用喙把潮湿的泥灰滚成小球，再混入一些草茎等纤维性物质，然后用脚一层层砌成上小下大、顶部为凹槽的"碉堡"式的巢，高度为12—45厘米，直径为38—76厘米，别具一格，坚固耐用，任凭大雨冲刷也不会倒塌。每个群体的巢都整整齐齐地排列着，构成一个很有秩序的"小村落"，巢和巢之间的距离多为60厘米左右，其内还开掘许多小沟，以便与水面相沟通，这样在孵化期间就可以随时进入水中觅食、站立在浅水中瞭望，或者潜入水中游泳。营巢期间，性情有时也变得凶猛而好斗，不时因为争夺"地盘"或抢劫巢材而发生一些小小的冲突。也有一些性情急躁的火烈鸟，不等泥干，就匆匆进入巢中产卵孵化。它的卵呈淡白色，每窝仅产1枚—2枚。孵卵工作由雄鸟和雌鸟共同担任，一只孵化时，另一只就守卫在巢的旁边，孵化期约1个月。雏鸟最初靠亲鸟饲育，逐渐自行生活。

冬夏换装的雷鸟

雷鸟为松鸡科。雄鸟体长约33厘米，羽毛颜色冬夏不同。遍布欧亚大陆和美洲大陆北部的寒带及寒温带地区，生活在森林或开阔的林地、苔原等栖息地。雷鸟共有4种，中国产2种：柳雷鸟和岩雷鸟。前者分布黑龙江流域，后者见于新疆北部。最大的雄雷鸟可达一米长。它们一生大部分时间都是在雪地上度过的。

雷鸟具有适应冰雪中生活的本领，有一系列适应环境的特性，例如腿上的毛被厚而长，一直覆盖到脚趾；脚距周围有很多长毛，这样既保暖，又便于在积雪上行走而不至于下陷；鼻孔外披覆羽毛，可抵挡北极的风暴，也有利于向雪下啄取食物。冬季时藏在雪穴中躲避北极的暴风雪。

雷鸟与一般鸟类不同，它四季换羽。雄鸟在婚后和冬季之前，夏羽和冬羽完全更换新羽，而春羽和秋羽只是局部替换；雌鸟每年3次换羽，婚前不换羽。雷鸟的冬羽与大地的银装一致，雌、雄均全身雪白。春回大地，冰雪融化，雄鸟的头、颈和胸部也换成了有栗棕色横斑的春羽。雄鸟繁殖前还有换"婚羽"的习性，用华丽的羽饰来博得雌鸟的青睐。夏天大地披上了绿装，雷鸟上体又换成了黑褐色，有棕黄色斑纹。秋季植被枯黄时，羽毛换成黄栗色。

雷鸟为什么具有这样频繁换羽的本领呢？从分类上雷鸟虽然也属于鸡类，但它并没有鸡类那样坚硬的嘴和锐利的距，个别又比较弱小，体长仅300多毫米，遇有敌情时，没有强壮的身体，缺乏进攻的"武器"，只好凭借高超的"隐身法"，使羽色与所栖息的环境巧妙地协调一致，避开敌害的视线，从而免遭杀身之祸。雷鸟的这种本领，是经历了多年的自然选择，形成的应时变换羽毛颜色的本能，生物学上把它叫作保护色。雷鸟的这种保护色适应成为研究物种进化与自然选择的一个典型例子。

雷鸟是典型的寒带鸟类。冬天，多靠近河边、农田以及小片树林内活动；夏天和秋天，则活动在桦树林和松林苔藓沼泽地带。它们主要在地上生活，并能在疏松的雪层上行走，动作敏捷迅速，常集成一二十只一起活动。每年4—5月份进入繁殖期，此时雄鸟时常鸣叫，叫声比平常响亮，相比之下，雌鸟却显得沉默而安静。巢大都安置在草丛和灌木丛中，成椭圆形的小坑洼，巢里铺垫一些干草和树枝。每窝平均产卵10枚，卵的颜色为淡黄色并带有一些淡褐色斑点。雌鸟在巢内孵卵，雄鸟在巢周围巡视，担负着保护雌鸟安全的重责。23天以后，雏鸟逐个问世，两亲鸟高兴地带着"孩子"不辞辛苦地各处觅食，来抚养它们的后代。雷鸟主要吃植物性食物，比如桦树的嫩枝芽，以及野生植物的花蕾和浆果，有时也在农田附近啄食一些谷粒。它们是重要的猎禽，肉味鲜美，绒羽价值高，但分布有限，数量不多，已被列为国家二级重点保护野生动物。

东方宝石——朱鹮

朱鹮又称朱鹭，是稀世珍禽，属于国家一级保护动物，素有"东方宝石"之称，被世界鸟类协会列为"国际保护鸟"。过去在中国东部、日本、俄罗斯、朝鲜等地曾有较广泛的分布，由于环境恶化等因素导致种群数量急剧下降，至20世纪70年代野外已无踪影。朱鹮在日本、俄罗斯、朝鲜等地已经彻底消失。

朱鹮是一种中型涉禽，它们体态秀美典雅，行动端庄大方，十分美丽动人。与其他类不同，它的头部只有脸颊是裸露的，呈朱红色，虹膜为橙红色，黑色的嘴细长而向下弯曲，后枕部还长着由几十根粗长的羽毛组成的柳叶形羽冠，披散在脖颈之上。腿不算太长，胫的下部裸露，颜色也是朱红色。一身羽毛洁白如雪，两个翅膀的下侧和圆形尾羽的一部分却闪耀着朱红色的光辉，显得淡雅而美丽。由于朱鹮的性格温顺，我国民间都把它看作是吉祥的象征，称为"吉祥之鸟"。它们平时栖息在高大的乔木上，觅食时才飞到水田、沼泽地和山区溪流处，以捕捉蝗虫、青蛙、小鱼、田螺、泥鳅等为生。

朱鹮生活在温带山地森林和丘陵地带，大多临近水稻田、河滩、池塘、溪流和沼泽等湿地环境。性情孤僻而沉静，胆怯怕人，平时成对或小群活动。对生活的环境要求较高，只喜欢在高大树木上栖息和筑巢，晚上在树上过夜，白天则到没有施用过化肥、农药的稻田，以及清洁的溪流等环境中去觅食。它们在浅水或泥地上觅食的时候，常常将长而弯曲的嘴不断插入泥土和水中，一旦发现食物，立即啄而食之。休息时，把长嘴插入背上的羽毛中，任凭头上的羽冠在微风中飘动，非常动人。飞行时头向前伸，脚向后伸，鼓翼缓慢而有力。在地上行走时，步履轻盈、迟缓，显得优雅而矜持。它们的鸣叫声很像乌鸦，除了起飞时偶尔鸣叫外，平时很少鸣叫。

春季是朱鹮的繁殖季节，这时成年的雄鸟和雌鸟结成配偶，离开越冬时组成的群体，分散在高大的乔木树上筑巢、产卵。它们的巢平平的，中间稍下凹，像一个平盘子。雌鸟一般产2—4枚淡绿色的卵。经30天左右的孵化，小朱鹮破壳而出。出壳后由亲鸟轮流将口中半消化的食物吐出喂养，性急的雏鸟们则争着把长喙伸进亲鸟的嘴里，亲鸟则使劲抖动着脖子，使食物尽快地吐出来。亲鸟在育雏的前期每天返回巢中的次数为7—9次，随着雏鸟的迅速生长和对食物需求的增加，后期则增加到每天14—15次。喂完食物后还要帮助雏鸟清理粪便，方法是叼走巢底的树枝，使粪便漏到下面去，或者把沾有粪便的碎铺垫物叼到巢的外边，然后再叼来新的巢材和铺垫物补充。雏鸟在亲鸟的精心哺育下生长很快，60天后就能跟随亲鸟自由飞翔了。朱鹮寿命最长的纪录为17年。

捕鱼专家——鹈鹕

鹈鹕是一种大型的游禽，又叫塘鹅。在世界上共有8种，大多分布在欧洲、亚洲、非洲等地。我国的鹈鹕共有2种，分别为：斑嘴鹈鹕和白鹈鹕。斑嘴鹈鹕，鸟如其名，在它的嘴上布满了蓝色的斑点，头上披覆粉红色的羽冠，上身为灰褐色，下身为白色。而白鹈鹕主要分布在我国新疆、福建一带，它们通体为雪白色。二者均为我国的二级保护动物。

在鹈鹕宽大而尖长的嘴下有一个巨大而且能伸长的皮肤喉囊，是它捕鱼的工具。鹈鹕捕食时，往往张开大嘴，兜水前进，鱼连水一同进入喉囊，然后把嘴一闭，巨大的喉囊收缩挤出水，剩下鱼虾。如果捕到的鱼虾暂时吃不了，还可在皮囊中贮藏。成年鹈鹕的嘴巴都能长到40厘米，巨大的嘴巴和喉囊使鹈鹕显得头重脚轻，当鹈鹕在地上走路的时候总是摇摇摆摆步履蹒跚，这是因为鹈鹕的大嘴很碍事。尤其是当它捕到猎物的时候，大嘴和喉囊里装满了海水，使它浮出水面的时候很困难。人们见到鹈鹕浮出水面的时候，总是尾巴先露出水面，然后才是身子和大嘴。鹈鹕一定要把嘴中的海水吐出来才能从水面起飞。起飞时，它先在水面快速的扇动翅膀，双脚在水中不断划水，在巨大的推力作用下，鹈鹕逐渐加速，然后慢慢达到起飞的速度，脱离水面缓缓地飞上天空。有的时候，吃得太多显得非常笨重，就不能顺利的起飞，只能浮在海面了。

鹈鹕的捕鱼本领高强，它在翱翔高空时，敏锐的眼光就能发现水中的鱼，并能迅速准确地直坠水中捕鱼。它们还常常结群排着半圆形的队列，把头伸入水中围捕鱼类。更叫人惊叹的是人们发现鹈鹕还能和鸥及鸬鹚合作捕鱼。鹈鹕的后趾和前三趾都向前，为世界上最大的有蹼鸟，它能以蹼当桨，善于游泳，但不会潜水，故在水面上捕鱼。鸬鹚善于潜水，海鸥则在空中观察鱼群，为鹈鹕和鸬鹚做导航，它们互相合作，一直把鱼群赶到浅水区，然后合力围剿饱餐一顿。

有的鹈鹕捕鱼方法更为奇特：一旦发现猎物就收拢宽大的翅膀，从15米高的空中像炮弹似的猛冲入水，把头颈弯折向后，用胸部猛拍水面，巨大的击水声可传到半里之外，能将半米深处的鱼震昏，然后一一纳入口囊之中。这种捕食方法在鸟类中是极为罕见的。

鹈鹕是鸟类中体魄强壮的一族。成年的鹈鹕身体长约1.7米。展开的翅膀有近3米宽。它的翅膀强壮有力，能够把庞大的身躯轻易送上天空。鹈鹕是一种喜爱群居的鸟类，喜欢成群结队地活动。每当鹈鹕集体捕鱼的时候，在海面上人们可以看到鹈鹕此起彼伏的从空中跳水的壮观场面。

到了繁殖季节，鹈鹕便选择人迹罕至的树林，在一棵高大的树木下用树枝和杂草在上面筑成巢穴。鹈鹕通常每窝产3枚卵，卵为白色，大小如同鹅蛋。小鹈鹕的孵化和育雏任务由父母共同承担。当小鹈鹕孵化出来后，鹈鹕父母将自己半消化的食物吐在巢穴里，供小鹈鹕食用。小鹈鹕再长大一点时，父母就将自己的大嘴张开，让小鹈鹕将脑袋伸进它们的喉囊中取食食物。

音乐舞蹈家——琴鸟

琴鸟体形较大，身体略似母鸡，通体浅褐色，整个尾形很像七弦竖琴，因而得名。它们生活在澳大利亚东部桉树林中，有大琴鸟、华丽琴鸟和艾伯特亲王琴鸟三种。琴鸟歌声婉转动听，舞姿轻盈合拍，是澳洲最受喜爱的珍禽之一。

雄琴鸟的发声本领很强，模仿声音的本领更是令人不可思议。它不但能模仿各种鸟类的鸣叫声，还能学人间的各种声音，如汽车喇叭声、火车喷气声、斧头伐木声、修路碎石机声等。在阴雾天，密林中的琴鸟鸣叫欲望特别强烈，这时它们的鸣叫声在人听来异常刺耳，即使在茂密的森林中，这种鸣叫声也可传出 1 千米远。

雄琴鸟还有建造土丘的本领，有的甚至会在一平方公里的林间地上建造十几个相似的土丘，用以标志它的领域，警告别的雄琴鸟不得侵入。土丘造完后，雄琴鸟便开始炫耀表演，一般表演的时间是在清晨或黄昏。表演开始时，它先站在树上亮开嗓门高声大叫，仿佛是在招揽观众，然后飞下树干，登上土丘顶部，选好位置，便开始一串串洪亮的鸣啭、唱到忘情之际，它的尾羽便逐渐张开并向上竖起形成七弦琴形。琴鸟的表演实际是一种求偶炫耀行为。琴鸟除了在求爱时演出外，还喜欢给园丁鸟当婚宴上的"乐队"。这种园丁鸟不会唱歌，要举行"结婚仪式"就得请琴鸟来配合，它们不愧为鸟族合作的模范。

琴鸟是"一夫多妻"制，雌琴鸟单独到选好的巢址建一个大型的圆顶巢，巢侧留有进出的洞口，有些巢建在大树的浓密枝杈间，而大部分巢建在地面树干和岩石之间。雌琴鸟在巢中产一枚鸡蛋大小圆壳、灰紫色的卵。雌鸟单独孵卵，6个星期后，幼雏就出壳了。这时，雌鸟忙碌地外出采食，单独喂雏。雏鸟渐渐长大，有些巢因为太小，在幼雏出巢时会把巢的圆顶顶开。离巢后，幼鸟还要发育两年才能完全成熟。雄性幼鸟在2岁以前跟雌鸟相似，在2岁以后才长出华丽的尾羽和羽饰。

琴鸟的主食是昆虫、蠕虫和蛆等，它们专门消灭害虫，是一种益鸟。由于琴鸟繁殖慢，数量少，特别受到当地人的珍爱和保护。

极具"父爱"的鸸鹋

鸸鹋，又叫澳洲鸵鸟，原产于澳洲，是现存世上除了鸵鸟以外最大的鸟类，在澳大利亚的国徽上能见到它们的身影。广泛分布于澳大利亚大陆，在开阔地区比较常见而在山地和茂密的森林等地比较罕见。鸸鹋易于饲养，故被广泛引入其他国家。

鸸鹋喜爱生活在草原、森林和沙漠地带，全身披着褐色的羽毛，擅长奔跑，时速可达每小时70公里，并可连续飞跑上百公里。鸸鹋虽有双翅，但同鸵鸟一样已完全退化，无法飞翔。以野草、种子、果实等植物及昆虫、蜥蜴等小动物为食。它能泅水，可以从容渡过宽阔湍急的河流。鸸鹋耐饥渴，长相一直保持史前时代的形状，没有丝毫变化，这令一些动物学家深感困惑。

鸸鹋的呼吸方式很特别，天热时会伸出舌头喘气，急促地呼吸，通过肺部蒸发水分来降温。它们能整天不停喘气，而不会受二氧化碳含量过低影响，但每天必须饮水来补充体液。不过，鸸鹋不会浪费水分，它们在天气清凉时正常呼吸，鼻腔通道的多重大褶皱令吸入的清凉空气变暖，同时把鼻部的热力带走。呼气时，较凉的鼻甲骨会令水分凝结，以供吸收再用。

鸸鹋是极具爱心的称职"父亲"。它们的成熟期长达3年，一只成年雌鸟在每年的11月至翌年的4月产蛋，每次7—15枚，而孵卵的责任由雄鸟来承担。在整个孵化期间，雄性在长达两个半月的时间里几乎不吃不喝，表现出极强的"父爱"，它们完全靠消耗自身体内的脂肪来维持生命，直到小鸸鹋脱壳而出，新生命的啼鸣回响在湛蓝的天空……每次孵化后，雄性体重会降低许多，雏鸟出壳后，仍由父亲照料近两个月。

如果遇到敌害，雄鸟就会变得十分凶猛，为了保护后代，它会舍命地攻击来犯，用钢铁般的利爪给予有力还击。

鸸鹋全身都是宝。其蛋壳有三层颜色，分别为墨绿色、天蓝色和白色，可做高级工艺品；其皮花纹美丽，柔软透气，是高级皮革制品的原料；最值钱的是鸸鹋的脂肪囊，鸸鹋油具有很强的渗透性，可用于制造化妆品和消炎药，对运动性损伤有很好的疗效。鸸鹋鸟肉属极瘦纯红肌，柔软细腻，肉质鲜美，适合烹调多样菜式。

夜晚的歌手——夜莺

夜莺是一种源于欧洲的有赤褐色羽毛的鸣鸟，雄鸟在繁殖季节夜晚发出悦耳动听的鸣声而闻名。它的歌声动听如莺，又在夜间鸣叫，因此得名夜莺。它们是一种迁徙的食虫鸟类，生活在欧洲和亚洲的森林，在低矮的树丛里筑巢，冬天迁徙到非洲南部。

夜莺身体大约在15—16.5厘米长，赤褐色羽毛，尾部羽毛呈红色，肚皮羽毛呈浅黄到白色，鸣叫声高亢明亮、婉转动听。尽管夜莺在白天也鸣叫，但它们主要还是在夜间歌唱，这个特点使之显著区别于其他鸟类。近来科学家还发现，夜莺在城市里的叫声要更加响亮，这是为了超过市区的噪音。

夜莺具有非凡的空中捕食本领，这与它们的身体结构有关。夜莺的视觉灵敏，在黑夜能发现猎物。它们的羽毛轻盈柔软，在夜间飞行时寂静无声，能快速回旋、滑翔。夜莺的嘴较宽，边缘的羽毛变异为髭毛，能起到感触和捕食的作用，有利于飞捕昆虫。夜莺每到夜晚便在草丛间低飞，张着大嘴捕食蚊虫，因而被误解为"吐蚊"了。它们捕食大量的蚊虫、金龟子，有人曾解剖一只夜莺的胃，见到里面有五百多只蚊虫，可见它们是为人类除害的朋友。

由于人们欣赏夜莺的歌声，在想象中留下了美丽的形象，殊不知夜莺并不美丽，几乎通身暗褐色，夹杂各种斑纹。它们白天喜欢蹲伏在山坡草地或树枝上休息，其羽色酷似树皮，起着保护色的作用，不易发现，因而老乡又叫它为"贴树皮"。

世界上约有90种夜莺，有的种类分布很广，多见于亚洲东部和南部，每年在印度尼西亚诸岛越冬。我国有8种，最常见种类是普通夜莺，主要分布在西藏、东北、华南和华中地区。毛腿夜莺和黑顶蛙嘴夜莺在我国仅分布于云南；有一种林夜莺，除云南外，还见于台湾和海南岛。

鸟类中的智者——乌鸦

乌鸦是雀形目鸟类中体形最大的，体长40—49厘米，羽毛大多为乌黑色，故此得名。乌鸦共有36种，几乎遍布全球。中国有7种，大多为留鸟。它们喜欢栖息于树林或山崖，到旷野挖啄食物。集群性强，一群可达几万只。除少数种类外，常结群营巢，并在秋冬季节混群游荡，表现出较高的智力和较强的社会活动性。

乌鸦为杂食性，很多种类喜食腐肉，但在繁殖期间，主要取食蝗虫、蝼蛄、金龟甲以及蛾类幼虫，有益于农业。此外，因喜欢腐食和啄食农业垃圾，能消除动物尸体等对环境的污染，起着净化环境的作用。乌鸦一般性格凶悍，富于侵略性，常掠食水禽、涉禽巢内的卵和雏鸟。喜欢在崖洞、树洞、高大建筑物的缝隙中雌雄共同筑巢，筑巢材料由雄鸟收集。巢呈盆状，比较粗糙，以粗枝编成，枝条间用泥土加固，内壁衬以细枝、草茎、棉麻纤维、兽毛、羽毛等，有时垫一厚层马粪。每窝产卵5—7枚。

乌鸦因羽毛乌黑锃亮，生得不美，被人视为恶鸟，看到乌鸦则是不吉利的征兆。其实，乌鸦不仅专以害虫为食，而且在鸟类中最孝敬父母，当它知道年老的父母遭难受伤或力竭体衰时，就到处寻找食物送到父母的嘴边，自己宁忍饥渴，古书称之为"反哺"，称赞乌鸦"愿乞终养"，它甘愿为失去劳动能力的父母采食养终。

乌鸦制造工具的本领足以和黑猩猩相媲美。露兜树长满刺的长叶是乌鸦最好的工具，可以帮它刺探倒塌树干中的幼虫。此时，乌鸦展示出了娴熟的技巧。为了制造工具，乌鸦也花费了不少心血。事实证明，它并不是在随意裁剪露兜树叶，而是在认真地沿着叶脉进行切割，因为这样既可以保证长度，还能保留一边的锯齿。它们的喙把嫩枝"削成"钩状，有的将树枝做成探针，在发现不好使时就重新制作。这种耐性就连灵长类动物也会自叹不如。

加拿大科学家最近列出了一个鸟类智慧"排行榜"，列举了经观察试验后得出的鸟类智慧指数。在华盛顿的一个全美高等科学会议上，研究者表示，如果按照智慧排名，乌鸦可以说是鸟中状元。乌鸦为什么会有如此高的智慧？经研究发现，乌鸦的大脑虽然容量较小，皱褶不像黑猩猩那么多，但其核心的纹状体十分发达。该纹状体操纵乌鸦的各种本能活动，乌鸦的智力也主要取决于这一结构的发达程度。解剖还表明，乌鸦的脑重量大约有10克，占体重比例已达到0.16%，和黑猩猩的大脑比例是相同的，这就意味着乌鸦在神经系统的规模上与黑猩猩相近。此外，分子研究也显示，乌鸦及黑猩猩的脑部区域就基因和生物化学机制而言也是十分相近的，这就难怪乌鸦为什么聪明得可以和黑猩猩相媲美了！

作为消灭蝗虫、蝼蛄和鳞翅目昆虫等害虫的益鸟，作为专门清除老鼠、害虫和腐肉的义务"清道夫"，高智商的乌鸦更应该受到人类的欢迎和善待！

空中旅行家——大雁

大雁雌雄羽毛均为棕灰色，但在冠部、头顶及后颈部有一条红棕色长纹。嘴为黑色。雄鸟嘴基有膨大成冠状的瘤，但雌性并不发达。眼睛为棕色，腿和脚为橙黄色，爪为黑色。喜欢栖息在河川或沼泽地带。

大雁是出色的空中旅行家，每当秋冬季节，它们就从老家西伯利亚一带，成群结队、浩浩荡荡地飞到我国的南方过冬。第二年春天，它们经过长途旅行，回到西伯利亚产蛋繁殖。大雁的飞行速度很快，每小时能飞68—90公里，几千公里的漫长旅途需飞上一两个月。它们信守时间，成群聚集，组织性强。在长途旅行中，雁群的队伍组织得十分严密，它们常常排成人字形或一字形，一边飞一边发出"嘎、嘎"的叫声。大雁的这种叫声起到互相照顾、呼唤、起飞和停歇等信号作用。

大雁在长期适应的迁徙生活中练就了长途跋涉持久远飞的本领。大雁的飞迁规律虽然与燕子相反，但是人们在仲秋之际迎接"雁归来"的心情，同欢迎南来之燕是完全一致的。据研究，北方原是大雁的故乡，后来地球上经历了几次冰川期，为了觅食避寒，苦度严冬，被迫南迁。当气候转暖，时过境迁后，它们在进化中形成的这种迁飞习性，永久地保存下来。大雁集体飞迁时，如果雁群小就排成一字阵；雁群大就列为人字形。这种队伍在飞行时可以省力，最前面的大雁拍打几下翅膀，会产生一股上升气流，后面的雁紧紧跟着，可以利用这股气流飞得更快、更省力。因为它们整天地飞，单靠一只雁的力量是不够的，必须互相帮助，才能飞得快飞得远。有劲的大雁在振翅高飞的时候，翅膀尖扇起一阵风，从下面往上面送，就把小雁轻轻地抬起来，长途跋涉的小雁就不会掉队。科学家根据大雁排队飞行可减少后边大雁空气阻力的原理，启发运动员在长跑比赛时，要紧随在领头队员的后面。

大雁排成整齐的人字形或一字形，也是一种集群本能的表现，因为这样有利于防御敌害。雁群总是由有经验的老雁当"队长"，飞在队伍的前面。在飞行中，带队的大雁体力消耗得厉害，因而常与别的大雁交换位置，幼鸟和体弱的鸟大都插在队伍的中间。停歇在水边觅食时，总由一只有经验的老雁担任哨兵，如果孤雁南飞就有被敌害吃掉的危险。

大雁喜欢在草丛茂密的芦苇间筑皿状巢。主要以各种水生和陆生植物及藻类为食，也食少许软体动物的贝类。一窝产5—6枚乳白色卵，重125克左右。孵化期为28—30天。雌鸟孵卵，雄鸟守候在巢的附近。

筑巢有术的金丝燕

金丝燕生活在亚洲热带地区的海岛上，为候鸟，我国南海的岛屿上也有它们活动的踪迹。它们体长约18厘米，暗褐色的羽毛间闪现出金丝光泽，翅膀尖而长，四个脚趾都朝前生长。不适于握枝，有助于抓附岩石的垂直面。首尾犹如燕形，因而得名金丝燕。

　　金丝燕每年12月至次年3月从西伯利亚等地飞到热带沿海的天然山洞里繁衍后代，于三四月份产卵。产卵前，它们每天飞翔于海面和高空，有时可高达数千米，穿云破雾，吸吮雨露，摄食昆虫、海藻、银鱼等物，经消化后钻进险峻、阴凉、海拔较高的峭壁裂缝、洞穴深处，吐唾筑巢，大约要20多天才能筑成。

　　金丝燕筑巢的本领很强，每到生殖季节，它们就双双对对组成家庭，共筑燕窝。它们的咽部有非常发达的舌下腺，能分泌出很多有黏胶性的唾液，这是筑巢的主要原料。筑巢开始时，夫妇俩反复飞向选择地的岩壁，每次接触时，都把嘴里的一些黏液吐到岩壁上去，这是一种由唾液腺所分泌的胶质黏液，从嘴里一口一口吐出，积少成多，在山洞潮湿的空气中，这些唾液自然凝结干涸起来，经过20—30天，一个洁白晶莹、直径6—7厘米、深3—4厘米、形状如碗碟一般的小窝做成了，这就是燕窝。窝内不用任何铺垫，雌燕就在里面产卵和伏孵，雄燕则出去寻找食物。小燕出壳以后，由父母双亲喂养。其实绝大多数种类的金丝燕都不是用纯唾液做巢的，而是用干草、羽毛、地衣、苔藓或海藻等与唾液混合、胶结建窝。

　　金丝燕在一年中能做几次窝，第一次做窝完全是由唾液凝成，颜色雪白，营养价值最高，是燕窝中的上品。当人们把第一次窝采去以后，它们便毫不犹豫地立即开工做第二次窝。然而这次唾液已没有那么多了，金丝燕只得把身体上的绒毛啄下，和着唾液黏结而成，这种窝质量较为次之。当第二次窝被采走以后，勤劳的金丝燕又接着赶做第三次窝，这次就更为困难了，唾液只剩下很少一点，身上的绒毛也不多了，但顽强的鸟儿不气馁，它们飞到海边一口口衔来海藻和其他植物纤维，混以少量的唾液，再一次把窝做成。当然，这种窝的质量就更差了，此时，采窝人也就适可而止，不再继续采了，否则便会影响下一年燕窝的产量。燕巢呈半月形，形状好像人的耳朵，基底厚，廓壁薄，重约10—15克。燕巢外围整齐，内部粗糙，有如丝瓜网络。整个燕窝洁白晶莹，富有弹性，附着于岩石峭壁的地方，历来有"稀世名药""东方珍品"之美称。

爱情鸟——鸳鸯

　　鸳鸯属雁形目，鸭科。雌雄鸟颜色不同，雄鸟羽色华丽多彩，头具羽冠，眼后有白色的眉纹，翅上有一对栗黄色的扇状帆羽为其特征。雌鸟无羽冠和扇状帆羽。栖息于内陆湖泊及山麓江河中，平时成对生活而不分离。民间传说鸳鸯一旦配对，终身相伴，将其视为爱情的象征，是中国著名的观赏鸟类。

　　鸳鸯生性机警，极善隐蔽，飞行的本领也很强。在饱餐之后，返回栖居地时，常常先有一对鸳鸯在栖居地的上空盘旋侦察，确认没有危险后才招呼大群一起落下歇息。如果发现情况，就发出"哦儿，哦儿"的报警声，与同伴们一起迅速逃离。

　　鸳鸯还善于行走和游泳，一般在针叶和阔叶混交林及附近的溪流、沼泽、芦苇塘、湖泊等处，喜欢成群活动，一般有二十多只，有时也同其他野鸭混在一起。每天在晨雾尚未散尽的时候，就从夜晚栖息的丛林中飞出来，聚集在水塘边，在有树荫或芦苇丛的水面上漂浮、取食，然后再飞到树林中觅食，大约一两个小时后，又先后回到河滩、水塘附近的树枝或岩石上休息。它们戏水时伸头曲颈，在水上随波逐流，有时也用两翼击水，上下翻腾，拍出亮晶晶的水花。傍晚时飞回到离水域不远的河边树丛中或土坑、岩洞里睡觉。睡觉时将头插在翅膀下边，用一只脚站立，有时会在水面上漂浮打盹。它们是杂食性的动物，食物包括植物的根、茎、叶、种子，还有蚊子、石蝇、蝗虫、甲虫等各种昆虫和幼虫，以及小鱼、蛙、蝲蛄、虾、蜗牛、蜘蛛等动物。食物的种类常随季节和栖息地的不同而变化，繁殖季节以动物性食物为主，冬季的食物几乎都是栎树等植物的果实。

　　鸳鸯在人们的心目中是永恒爱情的象征，是一夫一妻、相亲相爱、白头偕老的表率，甚至认为鸳鸯一旦结为配偶，便陪伴终生，即使一方不幸死亡，另一方也不再寻觅新的配偶，而是孤独凄凉地度过余生。其实这只是人们看见鸳鸯在清波明湖之中的亲昵举动，通过联想产生的美好愿望，是人们将自己的幸福理想赋予了美丽的鸳鸯。事实上，鸳鸯在生活中并非总是成对生活的，配偶更非终生不变。

报喜鸟——喜鹊

喜鹊体形很大，羽毛大部为黑色，肩腹部为白色。多生活在人类聚居地区，叫声婉转，民间有"喜鹊叫，喜事到"的说法，将喜鹊作为喜庆、吉祥的象征，称它为"报喜鸟"。

喜鹊是适应能力比较强的鸟类，在山区、平原都有栖息，无论是荒野、农田、郊区、城市都能看到它们的身影。人类活动越多的地方，喜鹊种群的数量也就越多，而在人迹罕至的密林中则难见到。它们常结群成对地活动，白天在旷野农田觅食，夜间在高大乔木的顶端栖息。

喜鹊筑巢的本领很强，喜欢把巢筑在民宅旁的大树上。巢呈球状，由雌雄共同筑造，忙碌三个月左右才能建设完工。它们用料很讲究，以枯枝编成，枝条粗细、长短大致相同。枝条的摆放错落有序，像是编织起来的，一层压一层，从外形上看像是一个圆形的筐子，出入口留在上方。内壁填以厚层泥土，内衬草叶、棉絮、兽毛、羽毛等，每年将旧巢添加新枝修补使用。喜鹊每年均会营造新巢，并有营疑巢的习惯，即在它们真正使用的巢周围搭建很多并不使用的空巢，这种行为可能是对其他鸟类巢寄生行为的一种应对策略。

喜鹊常成对出去觅食，非常机警，通常一只在地面捕食，一只在高处守望，如有危险，守望鸟就发出警报，然后双双离开。它们分布很广，除南极洲以外，各大洲均有分布。

喜鹊还是捉虫高手，它们一年的食物当中，80%以上都是危害农作物的昆虫，比如蝗虫、蝼蛄、金龟子、夜蛾幼虫、松毛虫等，也食小鸟、蜗牛、瓜果类以及杂草的种子，看来喜鹊对人类是很有益处的。辛勤的农民在田中劳动，看到喜鹊成双成对地在田间草地上跳跃追逐捕食害虫，便对它们滋生出喜爱之情，那嘹亮而单调的鸣声也喻为吉兆。在中国文化中，喜鹊随处可见，作为吉祥幸福的象征，喜鹊历来被文人墨客吟咏，作为祥瑞图案，则被广泛应用于书画、家具、器物中，表达喜庆之意。

不负责任的"家长"——杜鹃

杜鹃身体黑灰色，尾巴有白色斑点，腹部有黑色横纹，脚掌前后有双趾。喙粗壮结实，有点向下弯曲。大型的地栖杜鹃身长可达90厘米，广泛地分布于全世界，特别是大陆的温带和热带地区。常栖息在森林和灌木丛中，颇为害羞，往往是只闻其声，不见其形。

杜鹃是典型的巢寄生鸟类，它不筑巢，不孵卵、不哺育雏鸟，这些工作全由小杜鹃的义父母代劳，是个不负责任的"家长"。雌杜鹃要产卵前，它会用心寻找画眉、苇莺等小鸟的巢穴，目标选定后，便充分利用自己和鹞形状、大小、体色都相似的特点，从远处飞来，并拍打着翅膀，拍打得很响，用来恫吓正在孵卵的小鸟。正在孵卵的小鸟看见低空翱翔而来的猛禽的身影，吓得弃家逃命时，杜鹃就达到了它恫吓的目的，然后把自己的蛋丢进别的巢中，对于太小的或是难以钻进去的鸟巢，它就会先产下蛋，然后用喙小心地把蛋放到其他鸟蛋中间去，但是在放自己蛋之前，会把别人的蛋弄走。杜鹃的蛋与巢主鸟的蛋在形状，色彩等方面有惊人的相似，所以就可以鱼目混珠，其他小鸟也就难辨真假了。

杜鹃蛋虽然小，发育却很快，往往会比巢主鸟的蛋早孵化出来。小杜鹃一出世就忙着当搬运工：背着另一只小鸟（或者鸟蛋），用它那尚未发育健全的翅膀支撑着它，小心翼翼地向巢边爬去，将那只伏在它"肩"上的小雏鸟（或者鸟蛋）向上一扬，翻出巢外去。接着这个小"搬运工"滑到巢底，又钻到另一个牺牲品的下面，继续它的搬运工作。小杜鹃在其孵化出来的几小时以后就产生了要把集中所有东西甩掉的欲望。当义母回来，看见巢中只剩下唯一的幼雏，还会把这个凶手当宠儿来疼爱，更加精心地哺育小杜鹃。小杜鹃羽毛丰满后，它就不辞而别，远走高飞。

　　杜鹃虽然育雏习性不好，但它是捕食松毛虫的能手。松毛虫是松树的大敌，一条松毛虫的雌蛾，一年中可以繁殖千万条小松毛虫。在松毛虫猖獗的时候，一两天之内，就会把郁郁葱葱的松树叶吃得只剩下光杆，导致大面积的松树死亡。由于松毛虫全身长满了毒毛，很多种鸟不敢吃它，而杜鹃鸟却无论春夏秋冬，不管刮风下雨，天天都战斗在松树林中。它不怕松毛虫身上长满的毒毛，捕捉着松毛虫的卵、幼虫、蛹和成虫，被誉为"吃松毛虫的英雄"。根据解剖观察，一只杜鹃鸟每小时就可以吃掉100多条松毛虫！

鸟中凤凰——极乐鸟

　　极乐鸟主要生活在澳大利亚、新几内亚和伊利安岛一带人迹罕至的地方，因爱顶风飞行，所以又名"风鸟"。它们不仅羽毛颜色鲜艳，而且还长着一些奇特的羽簇、羽丝、翎羽等。人们看到它们美丽的身影在天空飞翔，便以为它们是住在天国的"神鸟"。它们形态各异，色彩不同，都是很活泼的鸟，雄性尤其喜欢展示自己的羽毛和鸣唱的本领，是世界上著名的观赏鸟。

　　极乐鸟身披美丽的羽饰主要是为了在繁殖季节里炫耀，每当繁殖季节来临，雄极乐鸟就选出一片林间空地，定期在空地上进行"歌舞"表演。表演时，它们蓬起浑身的羽毛，在原地跳跃。跳到忘情时，它们还会像芭蕾舞演员一样，以一只脚为轴做大幅度的旋转动作。极乐鸟的长相非常漂亮，可叫声却不美妙动听。它们的叫声非常单调，有的像风啸声，有的像口哨声。不过，极乐鸟能模仿多种声音，有木柴燃烧爆裂时发出的"噼啪"声，有猫的"咪咪"叫声、冲锋号声、小号声、鼓掌声、敲门声，甚至射击声。在炫耀表演时，极乐鸟并不常鸣叫。而在色彩的运用，却到了登峰造极的地步。跟其他鸟一样，它们炫耀的目的主要是吸引雌鸟，有些极乐鸟每天不吃不喝地"表演"10个小时以上，真是辛苦异常。不过，这些表演是间歇性的，每表演一次后，雄极乐鸟都要绕着自己的领域巡视一圈，以防其他同性的入侵。

极乐鸟栖息在热带的峻山密林中，共有40余种，巴布亚新几内亚拥有30多种，其中最著名的要数无足极乐鸟、王极乐鸟和镰啄极乐鸟。

无足极乐鸟在飞行中，由于它的脚被羽毛遮盖起来了，被人们误认为是没有足的鸟，因此它不是栖息在地面，而是居住在"天堂"上，所以又被叫作天堂鸟。

无足极乐鸟身长约六十厘米，头和颈呈黄绿色，腹部为葡萄红色，脊背和尾巴则是鲜明的栗色，在身体的两旁还生长着长长的金桂色绒羽。当无足极乐鸟翩翩起舞的时候，绒羽就会竖立起来，像是两面金光四射的扇形屏风。

王极乐鸟比无足极乐鸟体形要小得多，长约二十厘米，背部为深红色，腹部为雪白色，雄鸟还另外有两根丝状的绿色尾羽，在顶端的地方蜷曲成了一个金盘。王极乐鸟常常是雌雄比翼，双双迎风飞翔，所以又被叫作凤鸟。王极乐鸟还喜欢独来独往，孤芳自赏，从来不跟其他种类的极乐鸟共栖同飞。不过，当极乐鸟群迁徙的时候，王极乐鸟却总是在前面引路，显出一派王者风范。

镰啄极乐鸟长有一个长约十厘米的镰刀似的嘴巴。雄鸟在两只正翅膀之外，还生有一对副翅膀。正翅膀是用来飞翔的，而副翅膀则是用来求偶的。平时，副翅膀藏在正翅膀下面，在求爱的时候才张开来，以炫耀自己的美丽。镰啄极乐鸟常常在两千米以上的山巅自由飞翔，它们的窝巢也筑在高山上的密林中。

极乐鸟对爱情忠贞不渝，一旦失去伴侣，另一只鸟就会绝食而死。它们又是巴布亚新几内亚的国鸟，在他们的国旗、国徽甚至航空公司、电台、邮局、钱币等地方都能看到它们可爱的身影。

半梦半醒的绿头鸭

绿头鸭是最常见的野鸭，猎人喜爱狩猎的珍禽之一。雄鸭的头和颈呈绿黑色，颈上有白色的圆圈。胸栗色，背灰褐色，下体呈灰白色。它也是现在大多数家鸭的祖先。成鸭不分雌雄，双脚都是橙色。主要分布于欧洲、亚洲、北美洲、中美洲和非洲北部等地。

绿头鸭是一种会依季节移栖的候鸟，冬天时飞向温暖的南方，夏天时再飞回北方的繁殖地进行繁殖。在迁徙时数量可达到上万只，分列成人字队形横空飞行。警惕性很高，稍稍有一点动静，就立刻起飞，晚间飞到田地里取食。

绿头鸭具有控制大脑部分保持睡眠、部分保持清醒状态的本领。它们在睡眠中可睁一只眼闭一只眼，这种本领可帮助它们在危险的环境中逃脱其他动物的捕食。人们对成群栖息的绿头鸭进行的研究结果表明，处在鸭群最边上的绿头鸭，在睡眠过程中可使朝向鸭群外侧的一只眼睛保持睁开状态，这种状态的持续时间，也会随周围危险性的上升而增加。这一新发现对弄清人的各种睡眠失调可能会有所帮助，一些人在大白天总是觉得困，很可能与大脑一部分处于清醒状态，而另一部分仍保持在睡眠状态有关。

绿头鸭喜欢栖息于水生植物丰富的湖泊、河流、池塘、沼泽等水域中，常集成数十、数百甚至上千只的大群。性情好动，叫声响亮。以野生植物的叶、芽、茎、水藻和种子等植物性食物为食，也吃软体动物、甲壳类、水生昆虫等动物性食物，它们对控制蚊子的生长有很大的贡献。雌鸟孵卵，孵化期为24—27天。雏鸟为早成性，出壳后不久即能活动和觅食。夏秋之间全部换羽，秋冬之间部分换羽。换羽后常和斑嘴鸭混群。绿头鸭数量多，是中国的主要狩猎禽之一，绒羽是很好的填充材料。

无拘无束的野鸡

野鸡又叫山鸡，在我国分布广，尤其是环颈雉遍布于我国大江南北。公野鸡体长近0.9米，羽毛华丽，颈下有明显的白色环纹，尾羽长；母野鸡体形较小，尾也比较短，全身栗褐色，有斑。野鸡喜栖于丘陵中，冬天迁至山脚草原及田野间。野鸡怕人，对色彩反应特别敏感，尤其是看到衣着艳丽色彩的生人、听到敌害飞禽的叫声，易受惊吓而乱飞乱跳。

不显眼的野鸡也有自己独特的本领，有时很让人羡慕呢。野鸡适应性广，抗病力强，耐高温，抗寒冷。在炎热的夏季能耐32℃左右的高温，且不怕雨淋；在严寒的冬天零下35℃也不畏冷，能在雪地上行走，到处觅食，饮带冰碴儿的水，并能栖居过夜。野鸡善走而不善飞，被击断翅膀的野鸡在地上逃跑时也是难以追赶的。它们性情很活跃，喜欢到处游走，而且比较机警。在采食过程中也不时地抬头张望，左盼右顾，观察四周动向，当敌害靠近时即起飞，迅速逃避时将头钻入树丛或草丛中，顾头不顾尾。

野鸡主要以谷类、浆果、种子和昆虫为食。野鸡嗉囊较小，容纳食物量少，喜少吃多餐，尤其雏鸡喜吃零食。吃食时，往往吃一点就走，转一圈回来后再吃。喜欢在丘陵及山边的草丛、灌木丛中营巢，在隐藏处用爪子掘成一个土坑就是它的窝。每次产卵10枚左右，卵为白黄色橄榄形。野鸡具有极高的经济价值，被誉为"动物人参"。雄性野鸡毛可制作毛工艺品、还可织成缎锦制作礼服，鸡皮可制成各种精美的皮具。它是集食用、药用、毛用于一体的珍禽动物，有极高综合利用价值的"特养"珍禽。

● 知识点拨

一个人握住一个生鸡蛋使劲地捏，也很难把鸡蛋捏碎。薄薄的鸡蛋壳怎么这样坚固呢？科学家怀着极大的兴趣研究了这个问题，终于发现薄薄的蛋壳之所以能承受这么大的压力，是因为它能够把受到的压力均匀地分散到蛋壳的各个部分。建筑师根据这种"薄壳结构"的特点，设计出许多既轻便又省料的建筑物。现在像鸡蛋那样的仿蛋建筑已经很普遍了。美国通用汽车公司技术中心水塔，举世闻名的悉尼剧场也是一座典型而新颖的薄壳建筑。

海上的"气象预报专家"——水母

在蓝色的海洋里，生长着一簇簇透明的"小伞"，上面刻着五彩斑斓的花纹，在水中摇曳生姿，别有风韵，这温柔的海底生物就是水母。水母的出现比恐龙还早，可追溯到6.5亿年前。目前，世界上已发现的水母约200种，我国常见的有海月水母、白色霞水母、海蜇、口冠海蜇等。

水母的眼睛都特别大，也非常灵敏。有的水母的眼睛直径达20厘米，眼睛长度占身体的1/3，而且瞳孔很大，能将更多的光线收入眼里。科学家认为，水母的"视力"可能胜过鸟类。

许多水母都能发光，细长的触手向四周伸展开来，跟着一起漂动，色彩和游泳姿态美丽极了。水母的伞状体内有一种特别的腺，可以发出一氧化碳，使伞状体膨胀。当水母遇到敌害或者在遇到大风暴的时候，就会自动将气放掉，沉入海底。海面平静后，它只需几分钟就可以生产出气体让自己膨胀并漂浮起来。栉水母在海中游动时可以发射出蓝色的光，变成了一个光彩夺目的彩球；带水母的周围和中间部分分布着几条平行的光带，当它游动的时候，光带随波摇曳，非常优美。

水母虽然长相美丽，其实十分凶猛。在伞状体的下面，那些细长的触手是它的消化器官，也是武器。在触手的上面布满了刺细胞，像毒丝一样，能够射出毒液，猎物被刺蜇以后，会迅速麻痹而死。触手就将这些猎物紧紧抓住，用伞状体下面的息肉吸住，每一个息肉都能够分泌出酶素，迅速将猎物体内的蛋白质分解。因为水母没有呼吸器官与循环系统，只有原始的消化器官，所以捕获的食物立即在腔肠内消化吸收。

在马来西亚至澳大利亚一带的海面上，有两种分别叫作海蜂水母和曳手水母的，其分泌的毒性很强，如果被它们刺到的话，在几分钟之内就会死亡，因此它们又被称为杀手水母。所以当被水母刺伤，发生呼吸困难时，应立即实施人工呼吸或注射强心剂，千万不可大意，以免发生意外。

威猛而致命的水母也有天敌，一种海龟就可以在水母的群体中自由穿梭，轻而易举地用嘴扯断它们的触手，使其只能上下翻滚，最后失去抵抗能力，成为海龟的一顿"美餐"。

水母大多生活于死水区，生命极度顽强，它几乎不需要氧气，所以你会发现在几千米的深海区，也有它的身影。水母的出现，并不是环境改善的现象，而是环境恶化的表现。随着水污染的严重，营养物质丰盛，灾难性的浮游生物大量出现，导致鱼类大量死亡，水母却开始繁盛，但这是另一个灾难的前奏，水母什么都吃，浮游生物、鱼卵、小鱼、大鱼……无一漏网，它的繁盛让鱼类难以再生，其后果将是不可恢复的！日本已经尝到了水母繁盛的灾难性后果，请全人类高度关注环境污染以及其带来的灾难性后果！

水母具有预测海洋风暴的本领。水母触手中间的细柄上有一个小球，里面有一粒小小的听石，这是水母的"耳朵"。由海浪和空气摩擦而产生的次声波冲击听石，刺激着周围的神经感受器，使水母在风暴来临之前的十几个小时就能够得到信息，于是，它们就好像接到了命令似的，从海面一下子全部消失了。这种次声波人耳无法听到，小小的水母却很敏感。科学家们曾经模拟水母的声波发送器官做试验，结果发现能在15小时之前测知海洋风暴的讯息。

● 知识点拨

仿生学家仿照水母耳朵的结构和功能，设计了水母耳风暴预测仪，相当精确地模拟了水母感受次声波的器官。把这种仪器安装在舰船的前甲板上，当接收到风暴的次声波时，可令旋转360°的喇叭自行停止旋转，它所指的方向，就是风暴前进的方向；指示器上的读数即可告知风暴的强度。这种预测仪能提前15小时对风暴作出预报，对航海和渔业的安全都有重要意义。

蜇人的海葵

海葵是我国各地海滨最常见的无脊椎动物，有绿海葵、黄海葵等。它的身体呈圆柱形，体表坚韧。海葵身体的上端有一个平的四盘，周围有许多中空的触手。身体下端是一个基盘，能够紧紧地固着在海中的物体上。海葵在水中不受惊扰时，触手伸展得像葵花，因而得名海葵。

海葵看上去好似一朵柔弱的鲜花，但实际上却是一种靠摄取水中的动物为生的食肉动物。它的呈放射状的两排细长的触手伸展开来，在消化腔上方摆动不止就像一朵朵盛开的花，非常的美丽，向那些好奇心强的游鱼频频招手。虽然不能主动出击获取猎物，但是当它的触手一旦受到刺激，哪怕是轻轻的一掠，它都能毫不留情地捉住到手的牺牲品。

海葵的触手长满了倒刺，能够刺穿猎物的肉体。它的体壁与触手均具有刺丝胞，那是一种特殊的有毒器官，会分泌一种毒液，用来麻痹其他动物以自卫或摄食。看来，海葵鲜艳动人的触手对小鱼来说，其实是一种可怕的美丽陷阱。海葵所分泌的毒液对人类伤害不大，如果我们不小心摸到它们的触手，就会有刺痛或痒的感觉。假如把它们采回去煮熟吃下，会产生呕吐、发烧、腹痛等中毒现象。因此，海葵既摸不得也吃不得。

海葵有很强的伸缩能力，口盘基部有发达的括约肌，体壁也有发达的缩肌和伸肌供柱体缩小或伸展。遇到危险时，会将身体收缩，排空触手内的水，把口盘和触手全部缩入体内。海葵在完成收缩的全部过程之前，触手是不能向外伸展的，由于完成这一过程需要两个半小时，因此海葵这两个半小时之内恢复不了原状。这样，进攻者常常在海葵的触手重新露出来之前便丧失了耐心，放弃了侵扰。

海葵除了依附岩礁之外，还会依附在寄居蟹的螺壳上。当寄居蟹长大要迁入另一个较大的新螺壳时，海葵也会主动地移到新壳上，这样海葵和寄居蟹双方都得到好处。由于寄居蟹喜欢在海中四处游荡，使原本不移动的海葵随着寄居蟹的走动，扩大了觅食的领域。对寄居蟹来说，既可利用海葵来伪装，又能借助海葵分泌的毒液杀死天敌，保障了自己的安全。

海葵除了寄居蟹外，还有个好朋友——小丑鱼。小丑鱼的体表能分泌黏液，能防止海葵刺细胞的蜇刺，如果人为地除去黏液，它们也会被海葵蜇得落荒而逃。当海葵依附在岩礁上动弹不得时，这种红身白纹的小丑鱼会在漂亮的触手处游动，引诱其他的小鱼上钩。海葵在捕捉到猎物饱餐之后，小丑鱼就可以捡食一些残渣。小丑鱼遇到敌人攻击时就赶紧逃到海葵的触手间躲避。总之，小丑鱼以海葵为避难所，而海葵凭着小丑鱼来获得更多的食物。

海葵的食性很杂，食物包括软体动物、甲壳类和其他无脊椎动物等。这些动物被海葵的刺丝麻痹之后，由触手捕捉后送入口中。在消化腔中由分泌的消化酶进行消化，养料由消化腔中的内胚层细胞吸收，不能消化的食物残渣由口排出。

最近，科学家发现海葵的寿命大大超过海龟、珊瑚等寿命达数百年的物种，是世界上寿命最长的海洋动物。采用放射性同位素碳－14技术对3只采自深海的海葵进行测定，发现它们的年龄竟达到1 500－2 100岁。

海上的飞行家——飞鱼

俗话说："海阔凭鱼跃，天高任鸟飞。"其实在动物王国里，除了鸟类之外，还有许多会飞的动物，它们虽然没有鸟类那样令人羡慕的翅膀，但"飞行"起来毫不逊色，堪称一大奇观，在浩瀚无垠的海洋中，就有一种引人注目的叫飞鱼的"飞行家"。

飞鱼长相奇特，胸鳍特别发达，像鸟类的翅膀一样。长长的胸鳍一直延伸到尾部，整个身体像织布的"长梭"。它凭借自己流线型的优美体形，在海中以每秒100米的速度高速运动。它能够跃出水面十几米，空中停留的最长时间是40多秒，飞行的最远距离有400多米。飞鱼的背部颜色和海水接近，经常在海水表面活动。蓝色的海面上，飞鱼时隐时现，破浪前进。

飞鱼具有像海鸟那样在海面上飞行的本领，它的"飞行"其实只是一种滑翔而已。飞鱼实际上是利用它的"飞行器"——尾巴猛拨海水起飞的，而不是像过去人们所想象的那样，以为是靠振动它那长而宽大的胸鳍来飞行。飞鱼在出水之前，先在水面下调整角度快速游动，快接近海面时，将胸鳍和腹鳍紧贴在身体的两侧，这时很像一艘潜水艇，然后用强有力的尾鳍左右急剧摆动，划出一条锯齿形的水痕，使其产生一股强大的冲力，促使鱼体像箭一样突然破水而出，起飞速度竟超过每秒18米。飞出水面时，飞鱼立即张开又长又宽的胸鳍，迎着海面上吹来的风以大约每秒15米的速度做滑翔飞行。当风力适当的时候，飞鱼能在离水面4—5米的空中飞行200—400米，是世界上飞得最远的鱼。有人曾在热带大西洋测得飞鱼最好的飞翔记录：飞行时间90秒，飞行高度10.97米，飞行距离1 109.5米。

飞鱼有"见风使舵"的本领，它在起飞前，先将头部离开水面，然后展开胸鳍、腹鳍，用较大的尾鳍急速摆动，逆风前进，在水面上以适宜的角度滑行6—8米后，就像飞机起飞一样，离开了跑道，腾空而起，扶摇直上。

飞鱼是各种凶猛鱼类争相捕食的对象，它们并不轻易跃出水面，每当遭到敌害攻击的时候，或者受到轮船引擎震荡声刺激的时候，才施展出这种本领来。可是，这一绝招并不绝对保险，有时它在空中飞翔时，往往被空中飞行的海鸟捕获，或者撞在礁石上丧生，有时也会跌落到航行中的轮船甲板上，成为人们餐桌上的美味。这种情况往往发生在晚上，因为飞鱼的视力在白天敏锐，晚上常常盲目飞翔。

飞鱼超低空滑行的特技，引起导弹专家的注意。伊拉克在两伊战争中使用的"飞鱼导弹"就是仿生飞鱼的产物。这是一种超低空飞行的空对舰导弹，从飞机上发射后掠海面飞行，舰艇上的雷达发现不了，所以命中率很高。

● 知识点拨

飞鱼和"地效翼船"

当飞鱼被金枪鱼等"天敌"追赶时，它会以极快的速度冲出水面，并用长而有力的尾鳍猛击海水，使身体腾空而起，然后展开翅膀一样的胸鳍，这样就可以摆脱身后的敌人。科学家经过仔细研究，发现飞鱼的这种本领其实是一种"水面效应"原理。科学家们根据这种原理，模仿飞鱼研制出了"地效翼船"。地效翼船的起飞和降落都在水面上进行，当它航行的时候，就会飞离水面5米以内，像飞机一样掠水飞行。一旦遇到故障，它可以落到水面低速航行，因此，具有广泛的军事用途。随着技术的进步，在军事用途以外，人们逐渐开发出一些民用领域，比如，旅游、游乐、搜索、救援等。当然，还有更多更新的用途等待着你的想象！

海上霸王——鲨鱼

在浩瀚的海洋里，被称为"海中霸王"的鲨鱼遍布世界各大洋，全世界约有350种，在中国海就有70多种。大部分鲨鱼对人类有利而无害，只有30多种鲨鱼会无缘无故地袭击人类和船只。鲨鱼的确有吃人的恶名，但并非所有的鲨鱼都吃人。

鲨鱼的种类很多，是海洋中的庞然大物，它们食肉成性，凶猛异常，贪婪凶残，给人们留下了可怕的印象。捕捉食物比老虎高出一筹，可充分利用自己独特的嗅觉，探测食物存在的方向和位置，而老虎只是用眼睛和鼻子寻找食物。

鲨鱼最令人惊叹的本领是能察觉其他生物身上发出的电子信号。肌肉的收缩、神经信号的传送以及体液与周围海水的差异都能产生细微的电流。鲨鱼能通过鼻子周围被称作毛孔的组织感觉到这种电流。鲨鱼能凭着这种能力察觉物体四周数尺的微弱电场。它们还可借着机械性的感受作用，感觉到百尺外的鱼类或动物所造成的震动。鲨鱼的嗅觉非常灵敏，在几公里之外就能闻到血腥味，海中的动物一旦受伤，往往会受到鲨鱼的袭击而丧生。鲨鱼还能根据各种气味来判别自己的孩子，区别敌人和朋友，使自己经常保持与群体的联系。

鲨鱼的身体很适合攻击猎物，天生拥有的本领使它们成为海上的霸王。鲨鱼肌肉发达的颌是有利的武器，大鲨鱼的颌肌能产生100多磅的力量，它的牙齿在磨损时就会换掉，以保持一贯的锋利，而且新的牙齿更大更耐用。

鲨鱼以受伤的海洋哺乳类、鱼类和腐肉为生，也会吃船上抛下的垃圾和其他废弃物。它还有一种奇特的本领，那就是食物可以在肚子里存放十几天甚至半个月也不会消化掉。鲨鱼在吃食物时，只是一个劲儿地猛咬和猛吞，胃口大得惊人，因此在很长时间内不会消化。鲨鱼还具有天生的抗癌本领，它是动物中已知的唯一一种不会生病的动物，包括癌症在内的所有疾病都具有免疫能力，即使把最可怕的癌细胞移植到鲨鱼体内，鲨鱼仍安然无恙。因为它的细胞会分泌一种物质，这种物质不仅能抑制癌细胞，而且还能使癌细胞逆转。

鲨鱼在寻找食物时，通常一条或几条在水中游，一旦发现目标就会快速出击吞食。特别是在轮船或飞机失事有大量食饵落水时，它们群集而至，处于兴奋狂乱状态的鲨鱼几乎要吃掉所遇到的一切，甚至为争食而相互残杀。

凶狠的鲨鱼也有天敌，它们惧怕一种叫虎鲸的海洋哺乳动物，因为虎鲸的牙齿非常锋利，而且总是几十只一起出动。鲨鱼一旦遇上虎鲸就马上逃跑，或者将腹部朝上装死躺下，否则就会被虎鲸撕成碎块吃掉。

●知识点拨

鲨鱼和泳装

当你在电影里面看见鲨鱼快速游泳的时候，你是否以为鲨鱼的皮肤是完全光滑的呢？这样就没有摩擦力，可以使鲨鱼游得更快！其实如果你有机会的话，可以去亲手摸摸鲨鱼皮，你就会发现：鲨鱼的皮肤上有一些粗糙的齿状凸起。正是这些凸起能有效地引导水流，让鲨鱼游得更快。运动学专家们根据这个原理设计出了一种特殊的泳衣——连体"鲨鱼装"，它不仅能引导水流，还能收紧身体，避免皮肤和肌肉的颤动，能让穿着这种泳衣的游泳运动员的竞争力更强。在悉尼奥运会上，澳大利亚游泳名将索普穿着一身"鲨鱼装"获得金牌，也让"鲨鱼装"一举成名。现在，设计人员对"鲨鱼装"进行不断的改进，他们在泳衣的腰部和臂部增添了许多硅材料制成的排水槽，据说，这种新式设计能让游泳选手的成绩提高3%。

鲨鱼和飞机

科学家们在显微镜下检查鲨鱼的皮肤时，意外地发现鲨鱼的鳞屑是扇形的，而且有小槽。然而，这个除了让你联想到在水中游泳减少阻力之外，还有什么用处呢？按照常理，表面越光滑产生的阻力就越小，越节能。但是，科学家们做了各种测试，结果表明：摩擦损失的能量比光滑表面还要小10%。于是，就有飞机设计师想到：用鲨鱼的仿生皮肤来包裹空中客车飞机的外表面。如果每年来往于世界各地的飞机都装上这种仿生皮肤，节省的燃料价值可达数十亿美元之多，造成温室效应的二氧化碳和氮氧化合物也将会大大减少，这难道不是一种巧妙的"节能"吗？

放烟雾的海上"专家"——墨斗鱼

　　海洋里的生物各种各样，无奇不有，而且每种生物都有独特的技能，让人叹为观止。墨斗鱼又称"乌贼"，是水中一怪，遇到危险时，身体会喷出"墨汁"来，是投足类中最为杰出的放烟幕"专家。"

　　墨斗鱼是乌贼目海产头足类软体动物，与章鱼和枪乌贼近缘。约有100种，生活在热带和温带沿岸浅水中，冬季常迁至较深海。它们游泳快速，主要以甲壳类为食，也捕食鱼类及其他软体动物。

　　墨斗鱼体内长有墨囊，里面贮满了浓黑的墨汁。每当突遇强敌无法逃脱时，一瞬间体内压力陡升，而后一"击发"便立刻喷出一股浓墨。有趣的是，墨斗鱼布设的黑色烟幕其形状轮廓和自己的体形极为相似。黑色烟幕的突然出现，海水立即被搅成一团漆黑，烟幕可保持10多分钟。不论是多么勇猛的敌害见此状况，也会弄得莫名其妙，不知所措。此时，墨斗鱼可乘机逃离危险。而且它喷出的这种墨汁还含有毒素，可以用来麻痹敌害，使敌害无法再去追赶它。墨斗鱼喷射黑色墨汁在明亮的浅水海域有御敌作用，同时，它也时常潜入数百米或上千米的深海活动。深海一片漆黑，伸手不见五指。生活在深海的墨斗鱼，经过体内机能的调整，喷射出来的不是黑墨汁，而是会发光的细菌。这种细菌一接触海水，马上形成晶莹发光的烟雾，使来犯者眼花缭乱。

墨斗鱼这种在危急关头施放"烟幕"逃生的本领，引起军事科学家的极大兴趣。他们精心分析研究墨斗鱼制造水下黑幕的方法及其黑幕的化学成分，经过模仿和多次试验，研制成了用于水下迷惑敌群、保护自己逃离险境的"气幕弹"。"气幕弹"用爆炸的方法，将化学物质或其他物质在瞬间扩散开，使水中产生大量不溶于水的气泡，漂浮在一定范围的海域内，形成大量的"气泡幕"。"气泡幕"反射能力极强，即使主动式声呐也会被它干扰得无法辨别真假目标，从而使鱼雷丧失捕捉目标的能力。

令人惊奇的是墨斗鱼还有一种逃避敌害的绝技——空中飞行。在海洋中，有好几种墨斗鱼能从海里跃起，像飞鱼一样在空中飞行一定的距离，甚至也能飞到船的甲板上，有海上"活火箭"之称。但墨斗鱼通常都是贴着水面飞行，飞行高度不超过1米，难以和飞鱼相提并论。

墨斗鱼飞行的动力来自颈部的特殊管道——水管向外喷水而获得的反作用力，因此墨斗鱼也是躯干向前倒退飞行的，这同它在水中调整游动时的姿势一致。在飞出水面之前，墨斗鱼在水中将腕足紧紧叠成锥形，长长的触腕伸直，长在身体后部的鳍紧紧贴住外套膜，把摩擦阻力减少到最低限度。一切准备就绪后，墨斗鱼便以喷射的方式剧烈运动，当达到最大速度时，墨斗鱼就斜着身子向上急冲，猛跃出水面。

不过，由于墨斗鱼不能像飞鱼那样利用风力在空中随机应变作曲折飞行，而且在飞行过程中，后鳍长长的末端拖在水里，因此墨斗鱼飞行的距离要比飞鱼短。据说墨斗鱼最好的飞行成绩是5—6米高、50—60米远，但这样的飞行距离对于逃避敌害也完全足够了。当飞行速度逐渐减缓时，墨斗鱼就折叠起鳍和腕，又一头扎进海里，继续以喷射方式游来荡去。

墨斗鱼具有完善的变色本领，在任何环境里都能变色，是因为它的皮肤里有黑、褐、橙、黄、红、棕等色素细胞，其中黑色细胞最多。墨斗鱼通过眼睛把得到的视觉印象传到神经中枢，然后给色素细胞发出信号，扩张和收缩一些色素细胞，像调色那样配成最适宜的化装颜色，这样，墨斗鱼身体的颜色就改变了。墨斗鱼不仅善于变色，而且善于用色彩来表达自己的"感情"。当它恐惧、激动和表示强烈的"爱情"时，会呈现出一连串突变的灿烂体色，迫不及待地在"钟情者"面前披上的"婚装"，以便取得对方的好感。

● 知识点拨

墨斗鱼和鱼雷诱饵

墨斗鱼体内的囊状物能分泌黑色液体，遇到危险时它便释放出这种黑色液体，诱骗攻击者上当。潜艇设计者们仿效墨斗鱼这一功能设计出了鱼雷诱饵。鱼雷诱饵似袖珍潜艇，可按潜艇的原航向航行，航速不变，也可模拟噪音、螺旋节拍、声信号和多普勒音调变化等。正是它这种惟妙惟肖的表演，令敌潜艇或攻击中的鱼雷真假难辨，最终使潜艇得以逃脱。

墨斗鱼与喷水船

墨斗鱼的游泳方式很有特色，素有"海中火箭"之称。它在逃跑或追捕食物时，最快速度可达每秒15米，经过长期的观察和研究，人们发现在墨斗鱼的尾部长着一个环形孔，海水经过环形孔进入外套膜，并有软骨把孔封住。当它要进行快速运动时，外套膜猛烈收缩，软骨松开，水便从前腹部的喷水管急速向后喷射出去，顿时产生很大的推力，使墨斗鱼像离弦之箭冲刺前进。人们根据墨斗鱼这种巧妙的喷水推进方式，设计制造了一种喷水船。用水泵把水从船头吸进，然后高速从船尾喷出，推动船体飞速向前。另外，采用喷水推进装置具有速度快、结构简单、安全可靠等优点。

乔装避敌的海兔

海兔是软体动物，属于浅海生活的贝类，色彩十分艳丽，身体柔软，软体部分肥厚而扁平，它的头部很发达，有一对口触角和一对嗅角，末端蜷曲像耳朵的形状，爬行时能向前后两边伸开，休息时则竖直向上，恰似兔子的两只长耳朵，所以叫海兔。

海兔个体较小，只能爬行或做短时间的游动。它的舌上布满了密密麻麻的细齿，可以有效地削刮食物。它们的种类很多，常见的有"黑指纹海兔""蓝斑背肛海兔""斑拟海兔"。海兔的足相当宽，足叶两侧发达，足的后侧向背部延伸。平时，海兔用足在海滩或水下爬行，并借足的运动做短距离游泳。

海兔虽然生活在危机四伏的海底藻林中，却能平安无事地生存繁衍，这不能不归于它那高明绝妙的"隐身术"——拟色。海兔喜欢在海水清澈、水流畅通、海藻丛生的环境中生活，以各种海藻为食。它吃什么颜色的海藻就变成什么颜色。如一种吃红藻的海兔身体呈玫瑰红色，吃墨角藻的海兔身体就呈棕绿色。有的海兔体表还长有绒毛状和树枝状的突起，从而使海兔的体形、体色及花纹与栖息环境中的海藻十分相近，这样就为它避免了不少麻烦和危险。

海兔既能消极避敌，又能积极防御。在海兔体内有两种腺体，一种叫紫色腺，生在外套膜边缘的下面，遇敌时，能放出很多紫红色液体，将周围的海水染成紫色，借以逃避敌人的视线。还有一种毒腺在外套膜前部，能分泌一种略带酸性的乳状液体，气味难闻，对方如果接触到这种液汁会中毒而受伤，甚至死去，所以敌害闻到这种气味，就远远避开，是御敌的化学武器。

专家们经过仔细研究后发现，这种海兔用以自卫的毒液可以导致孕妇流产。这一结果引起了医学界的极大兴趣，因为他们正在寻找一种安全有效的药物，以代替目前所使用的对人体有不良影响的器械人工流产法。另据报道，日本东京大学的科学家们已经从海兔施放的紫红色液体中找到了一种高效抗癌物质。这种抗癌物质的突出优点是只对癌细胞起杀灭作用，对正常细胞却没有毒性。

海兔具有奇特的生殖方式，是雌雄同体的海洋软体动物。每到春秋两季海兔繁殖的时节，只见数不清的海兔聚在一起，串连成一串串，如一条长长的绳索。在这个生命的链条上，除首尾两只外，其余的海兔既是父亲，也是母亲。这种性别关系非常特别，链条中的同一海兔，对于前面的来说，它是父亲，而对后面的来说，它是母亲。也就是说，到了产卵季节，几乎每只海兔，既是爸爸，又是妈妈，它们共同担负起生儿育女的责任。

海兔对我们人类贡献很大，首先，它是上好的食品。在我国东南沿海，当地生产一种海粉或是海挂面，其原料就是用海兔卵干制成的，做汤尤为鲜美。其次，是它的药用价值。在《本草纲目拾遗》中载有"海粉治赤痢，风疾"，主治肺燥咳喘、流鼻血、火眼等疾病，而且效果颇佳，可见我们的古人早就知道海兔的药用价值了。

伪装大王章鱼

章鱼属于软体动物，又称"八带鱼"。全世界约有170种左右，广泛分布于世界各地热带及温带海域，栖于多岩石海底的洞穴或缝隙中，是无脊椎动物中智力最高者，又具有高度发达的含色素的细胞，故能极迅速地改变体色，有伪装大王的称号。

章鱼力大无比、残忍好斗、足智多谋、不少海洋动物都怕它。章鱼是一种敏感动物，它的神经系统是无脊椎动物中最复杂、最高级的。它的感觉器官中最发达的是眼，眼不但很大，而且睁得圆鼓鼓的。眼睛的构造很复杂，前面有角膜，周围有巩膜，还有一个能与脊椎动物相媲美的发达的晶状体。此外，在眼睛的后面皮肤里有个小窝，这个不同寻常的小窝，是专管嗅觉用的。

章鱼之所以能在大海里横行霸道，与它有着特殊的自卫和进攻的"法宝"分不开。章鱼有八条感觉灵敏的触腕，每条触腕上约有300多个吸盘，无论谁被它的触腕缠住，都是难以脱身的。章鱼的触腕有着高度的灵敏性，每当章鱼休息的时候，总有一二条触腕在值班，在不停地向着四周移动着，如果外界真的有什么东西轻轻地触动了它的触腕，它就会立刻跳起来，同时把浓黑的墨汁喷射出来，以掩藏自己，趁此机会观察周围情况，准备进攻或撤退。章鱼可以连续六次往外喷射墨汁，过半小时后，又能积蓄很多墨汁，章鱼的墨汁对人不起毒害作用。

章鱼还有惊人的变色本领。它可以随时变换自己皮肤的颜色，使之和周围的环境协调一致。有人看到即使把章鱼打伤了，它仍然有变色能力，在它的皮肤下面隐藏着许多色素细胞，里面装有不同颜色的液体，在每个色素细胞里还有几个扩张器，可以使色素细胞扩大或缩小。章鱼在恐慌、激动、兴奋等情绪变化时，皮肤都会改变颜色。控制章鱼体色变换的指挥系统是它的眼睛和脑髓，如果某一侧眼睛和脑髓出了毛病，这一侧就固定为一种不变的颜色了，而另一侧仍可以变色。

章鱼的再生能力很强。每当章鱼遇到敌害时，它的触腕被对方牢牢地抓住了，这时候它就会自动抛掉触腕，自己往后退一步，让断触腕的蠕动来迷惑敌害，趁机溜走。每当触腕断后，伤口处的血管就会极力地收缩，使伤口迅速愈合，所以伤口是不会流血的，第二天就能长好，不久又长出新的触腕。

章鱼喜欢钻进动物的空壳里居住，每当它找到了牡蛎以后，就在一旁耐心地等待，在牡蛎开口的一刹那，章鱼就赶快把石头扔进去，使牡蛎的两扇贝壳无法关上，然后把牡蛎的肉吃掉，自己钻进壳里安家。就这一点足以说明章鱼不是愚笨之辈。其实章鱼的智能远不止于此，它还会利用触腕巧妙地移动石头，这对于章鱼来说，石头既是它们的建筑材料，又是防御外来敌害攻击的"盾"。

章鱼是出色的"建筑家"。它每次建造房屋都是在半夜三更时进行，午夜之前，一点动静也听不到，午夜一过，它们就好像接到了命令似的，八只触手一刻不停地搜集各种石块，有时章鱼可以运走比自己重5倍、10倍，甚至20倍的大石头，这些由石头筑成的"章鱼之家"颇为壮观。房子建好了，章鱼便懒洋洋地钻进去睡大觉了。

章鱼有高超的脱身技能。由于章鱼能将水存在套膜腔中，依靠溶解在水中的氧气生活，因此它离开了海水也照样能活上几天。它的身体极其柔软而富有弹性，能穿过很窄小的缝隙，因此，遇到危险可轻松逃跑脱身。

雌章鱼也许是世上最尽心也是最富有自我牺牲精神的母亲。它一生只生育一次，产下数百至数千个卵藏于自己的洞穴之中，在孵化期间，雌章鱼寸步不离地守护着洞穴，不吃也不睡，不仅要驱赶猎食者，还要不停地摆动触手保持洞穴内的水不断更新，使未出壳的小宝贝们得到足够的氧气。小章鱼出壳那天，母章鱼也就完成了自己一生的职责，精疲力竭地死去，世上有几种动物能有这么伟大的母性！

● 知识点拨

章鱼吸盘产生巨大吸力的道理，使研究人员极受启发，他们根据这个原理，制成了真空起重机。这种起重机用吸盘代替了普通起重机的吊钩，工作时像章鱼一样，把装有吸盘的吊臂对准起吊物的光滑部位，就能牢牢地抓住起吊物。用这种起重机，可吊起重30吨的水泥预制板。在日常生活中，人们也利用了章鱼吸盘的原理。比如我们常见的"真空吸盘式"塑料挂衣钩，这种塑料吸盘只要往玻璃或平整的木板上一按，挤出盘内空气，就能牢牢地吸在上面，一个小小的衣钩可擎住一件大衣的重量呢！

海中珍品——海参

在海藻繁茂的海底，生活着一种像黄瓜一样的动物，它们披着褐色或苍绿色的外衣，身上长着许多突出的肉刺，这就是海中的"人参"——海参。海参是棘皮动物中名贵的海珍品。海参常见于热带、亚热带海洋，在印度——西太平洋区的珊瑚礁内栖息的种类特别多。

海参有自己独特的护身本领。当海参遇到敌害进攻无法脱身时，通过身体的急剧收缩，将内脏器官迅速地从肛门抛向敌害。失去内脏后的海参，经过几个星期的生长，体内会重新长出内脏。海参移动极为缓慢，每小时仅能移动3米，比蜗牛还慢，所以善于伪装，肤色和环境类似，只要水温和水质适宜，即使海参被切除一半或被天敌吃掉一半，也可以在几个月后重新长出全部身体。但前提是剩下的一半必须有头部或肛门，因为生长细胞集中于这两个部位。这种神奇的再生修复功能，一直是中外医学界和生物工程学专家深感迷惑的课题。

海参的"放毒本领"。海参体内有一种黏乎乎、有特殊味道的线状物、含有毒素的特殊器官——居维氏管。当受到攻击的时候，它能把居维氏管从肛门排出，去缠结和毒杀"敌人"。人们经常难以琢磨：对方往往只吞食海参的内脏，而不吃它的体壁，这是为什么呢？原来，多数海参的体壁含有海参毒素，能使吞食者产生毒性反应，引起肌肉麻痹和溶血等症状。

海参的"夏眠本领"。由于海参是以食浮游生物、火山岩等为主的，而浮游生物对水温十分敏感，冬天水冷的时候，浮游生物下潜到海底寻找温暖，此时是海参最为快乐的季节。夏天海里水温升到20℃时，浮游生物上浮至海面进行繁殖，海参便失去了食物，它便不声不响地转移到岩礁暗处，背面朝下，一睡就是三四个月，而且在进入夏眠前，会将内脏全部吐出。这期间不吃不动，整个身子又萎缩变硬，待到秋后才苏醒过来恢复活力。海参用夏眠来渡过夏季海底食物匮乏的难关。

海参的"自溶本领"。海参还有一种特异的现象，当它离开海水后，在阳光下会自动分泌出一种自溶酶，几个小时后便自行化作一滩水而消失。

海参的"不腐本领"。海参离开海水后，身体会慢慢溶解消失，不会像其他动物那样腐变产生难闻的异味。尽管海参很腥，但从不招苍蝇，甚至连最喜欢腥味的猫也从不搭理它。

海参是个"变色龙"，平常看到的海参可能都是黑色，因为那是被煮熬以后的，不管什么颜色的海参被煮熬以后，都变成黑色的，是典型的黑色食品。其实在海洋里海参有多种颜色，它们能随着所处的环境改变而改变体色，生活在岩礁附近的海参，为淡蓝色，而居在海带、海草中的海参则为绿色。海参这种变化的体色能有效地保护自己。

海参的生命力极强，即使在地冻天寒的环境下，它也能身处冰冻之中无所畏惧，在–60℃冷冻中仍然活着。即使在缺氧的地方，海参也能生存，把它埋在泥沙中数天仍能存活。

海参的"吞沙本领"。海参主要以海底有机物质和微小动植物为饵料，并大量吃进泥沙，一只海参每年吞吐泥沙量为36.9升，所以生长极其缓慢，致使体内含有锌、硒、钙、铁、镁等大量有益微量元素，这也正是其滋补功能多而且珍贵的重要原因之一。

海参还能预测天气，当风暴即将来临之际，它就躲到石缝里藏匿起来，当渔民发觉海底不见海参时，就知道风暴即将来临，赶紧收网返航。

海参在海中虽然体积小，行动也不便，但天敌特少。它生来没有眼睛，更没有震慑敌害的锐利武器，虽然如此，但它们繁衍至今仍不灭绝。

分身有术的海星

在浩瀚的海底世界，生存着一种棘皮动物，它的腕伸展开来像五颜六色的星星，镶嵌在礁石上，这就是海星。这个表面温柔的海星，还是肉食动物呢，让人想不到的是，遇到危险时会抛出内脏逃走。

海星属棘皮动物，它们通常有五个腕，但有的多达40个腕，在这些腕下侧并排长有4列密密的管足。用管足既能捕获猎物，又能让自己攀附岩礁。海星的体型大小不一，体色也不尽相同，几乎每只都有差别，最多的颜色有橘黄色、红色、紫色、黄色和青色等。海星是一种贪婪的食肉动物，它对海洋生态系统和生物进化还起着非同凡响的重要作用，这也就是它为何在世界上广泛分布的原因。

海星捕食的方式十分奇特，它特别喜欢吃贝类，当海星用腕和管足把食物抓牢后，却并不是送到嘴里"吃"，而是把胃从嘴里翻出来，包住食物进行消化。待食物消化后，再把胃吸到身体里。海星吃贝类，还要加一道手续，先用腕和管足把贝类包起来，使其窒息死亡，然后把双壳拉开，最后再翻出胃来吞噬，那消化不了的贝壳，在饱餐之后就抛弃掉了。

海星的耐力也相当惊人，一只直径0.4米的海星，用两夜一天的时间将一只需要50牛顿的拉力才能打开的蛤打开了，而且只要把蛤的双壳拉开几毫米就可以了，因为海星的胃能从直径0.2毫米的小孔里钻进去取食。所以一般贝类一旦被海星捕获就难逃灭顶之灾，即使一时不能将贝壳打开，海星也会将贝类紧紧围住使它窒息而死。

海星是海洋食物链中不可缺少的一个环节。它的捕食起着保持生物群平衡的作用，如在美国西海岸有一种文棘海星时常捕食密密麻麻地依附于礁石上的海虹。这样便可以防止海虹的过量繁殖，避免海虹侵犯其他生物的领地，海星还能吞噬海洋里一些小动物的尸体，水族馆的饲养池中放养它们，让它们成为自然的清洁员，清除污物。

海星具有高超"分身"本领，把海星撕成几块抛入海中，碎块会很快重新长出失去的部分，从而长成几个完整的新海星来，这种惊人的再生本领，使得断臂缺肢对它来说是无所谓的小事。当海星受伤时，后备细胞就被激活了，这些细胞中包含身体所失部分的全部基因，并和其他组织合作，重新生出失去的腕或其他部分。一般说生物越简单再生能力就越强，研究海星的再生能力，对研究人体组织的再生会有很大启迪。当然海星并非被人或其他动物撕成小块后靠再生能力产生新个体，而是以有性繁殖增加它新一代的成员。

海星有着奇特的星状身体，它盘状身体上通常有5只长长的触角，但看不着眼睛。人们总以为海星是靠这些触角识别方向，其实不然。美国、以色列两国科学家的最近研究发现，海星浑身都是"监视器"。海星如何能利用自己的身体洞察一切？原来，海星在自己的棘皮皮肤上长有许多微小晶体，而且每一个晶体都能发挥眼睛的功能，以获得周围的信息。科学家对海星进行了解剖，结果发现，海星棘皮上的每个微小晶体都是一个完美的透镜，它的尺寸远远小于现在人类利用现有高科技制造出来的透镜。海星棘皮中的无数个透镜都具有聚光性质，能够同时观察到来自各个方向的信息，及时掌握周边情况。在此之前，科学家以为，海星棘皮具有高度感光性，它能通过身体周围光的强度变化决定采取何种隐蔽防范措施，另外还能通过改变自身颜色达到迷惑"敌人"的目的。科学家说，海星身上的这种不寻常的视觉系统还是首次被发现。科学家预测，仿制这种微小透镜将使光学技术和印刷技术获得突破性发展。

海星是多足体动物，呈放射状，很稳定，这便给设计师带来了灵感。海星形桌脚就是成功的典范。利用其原理设计的椅、凳、台的脚型，无论怎样移动或旋转，也不倾倒，此外其造型也灵活多变，实用美观，倍受人们的喜爱，故获得广泛应用。越来越多的设计与传统概念的房型相去甚远，或者突出与自然融为一体，采用仿生学设计，把建筑设计得像个大海星，每根须都是与室外的自然景观融为一体。

鱼中的建筑师——三棘刺鱼

三棘刺鱼是生活在海洋中的一种小型硬骨鱼，因脊背上有三根御敌的棘刺而得名，它是以鸟类的方式建巢的著名水下建筑师。它不但能精心"设计图纸"，还能建造出一座漂亮坚固的"洞房"。

三棘刺鱼的御敌本领很强，喜欢平静的水流，它们在淡水或半咸水内部可以生活。泥底或沙底的、岸边多草的小河、小沟、湖泊和苇塘都是它们喜欢的住所。这种鱼喜欢群居，往往数十尾刺鱼一起去游玩，这样既热闹又可以一致对敌。它们经常去吃刚刚孵化出来的其他鱼类的幼鱼。可是别的鱼想吃它们可就不那么容易了，偶尔遇有胆大的鱼去吃三棘刺鱼，结果被刺鱼伸展开的三根刺无情地刺入贪吃者的口腔内。

三棘刺鱼在背部生有三根坚硬的棘刺，雄鱼在生殖期间，由平时的暗灰色一下竟变成了鲜艳的桃红色，这种突变的颜色又叫求偶色。每当繁殖季节雄刺鱼忙得很，这个出色的"建筑师"先去挑选自己未来的"妻子"，生儿育女的最佳场所。它经常是把"洞房"选在水草间或岩石地带的池洼间，因为这里的水位深浅适度，同时又经常有水徐徐地流动。地点选好后，它便开始搜集"建房材料"，用嘴衔着植物的根和茎以及其他植物的屑片，来回叼两个星期，然后从自己的肾脏中分泌出一种黏液，把所有的材料粘在一起，在黏合的时候，它能按照自己设计的"图纸"造出一个非常坚固而漂亮的鱼巢，它还怕不结实，一次又一次地往巢上泼水，泼完水又要马上用自己的身体摩擦巢壁，就这样经过反复摩擦，再看看这座"建筑物"的确显得既光亮又坚实。最后"竣工"的巢型是这样的：外观为椭圆形，并有两个孔道，一个进口，一个出口，而且巢中间又为空心的。凡是见过三棘刺鱼造的巢的人，无不为之叫绝。

雄三棘刺鱼还是一个称职的好"爸爸"，日夜守卫在鱼巢的入口处，频频扇动胸鳍，以便使新鲜的水流入巢里，为子女提供充足的氧气。当雄鱼发现巢内有脏东西时，就一个个地把卵"抱"出来，将巢清洗干净后，再把它们一个个送回巢里；当雄鱼发现鱼巢被破坏时，就随时用吻部加以修补；当雄鱼发现有大鱼袭击鱼巢时，它就一马当先冲上前去，猛烈地攻击对方。假如来犯张口咬它，它就会马上竖起刺来，刺破大鱼的口腔。别看刺鱼的个头不大，由于它勇猛善斗，加之身上又有利刺，敌害一般对它不敢轻举妄动。这位称职的"父亲"不辞辛劳，一直守卫着它们的子女，直到小鱼可以独立生活后，才放心地让它们各奔前程。

海中鸳鸯——蝴蝶鱼

蝴蝶鱼俗称热带鱼，是近海暖水性小型珊瑚礁鱼类，最大的可超过30厘米，如细纹蝴蝶鱼。蝴蝶鱼身体侧扁，适宜在珊瑚丛中来回穿梭，它们能迅速而敏捷地消逝在珊瑚枝或岩石缝隙里。蝴蝶鱼吻长口小，适宜伸进珊瑚洞穴去捕捉无脊椎动物。

蝴蝶鱼生活在五光十色的珊瑚礁礁盘中，具有一系列适应环境的本领。其艳丽的体色可随周围环境的改变而改变。蝴蝶鱼体表的大量色素细胞在神经系统的控制下，可以展开或收缩，从而使体表呈现不同的色彩。通常一尾蝴蝶鱼改变一次体色要几分钟，而有的仅需几秒钟。

蝴蝶鱼既爱打扮，又爱迷惑敌人，有极巧妙的伪装本领。它们常把自己真正的眼睛藏在穿过头部的黑色条纹之中，而在尾柄处或背鳍后留有一个非常醒目的"伪眼"，常使捕食者误认为是其头部而受到迷惑。平时，蝴蝶鱼在海中总是倒退游动，因而进攻者常受黑斑的迷惑，误把鱼尾做鱼头。当敌害扑向它时，蝴蝶鱼正好顺势向前飞速逃走。

蝴蝶鱼捕食动作奇特，可跃出水面犹如海洋中的飞鱼。平时蝴蝶鱼顺水漂流，一旦有昆虫飞来，即使离水面数十厘米，也可跃出水面捕食。蝴蝶鱼身体侧扁适宜在珊瑚丛中来回穿梭，它们能迅速而敏捷地消逝在珊瑚枝或岩石缝隙里，适宜伸进珊瑚洞穴去捕捉无脊椎动物，如细纹蝴蝶鱼。一个珊瑚礁可以养育四百种鱼类。在弱肉强食的复杂海洋环境中，珊瑚鱼的变色与伪装，目的是为了使自己的体色与周围环境相似，达到与周围物体以假乱真的目的，在亿万种生物的顽强竞争中，赢得了自己生存的一席之地。

蝴蝶鱼对爱情忠贞专一，大部分都成双入对，好似陆生鸳鸯，它们成双成对在珊瑚礁中游弋、戏耍，总是形影不离。当一尾进行摄食时，另一尾就在其周围警戒。蝴蝶鱼由于体色艳丽，深受我国观赏鱼爱好者的青睐。它们在沿海各地的水族馆中被大量饲养。

节肢动物的活化石——鲎

鲎的长相既像虾又像蟹，人们称之为"马蹄蟹"。鲎的祖先出现在地质历史时期古生代的泥盆纪，当时恐龙尚未出现，原始鱼类刚刚问世，随着时间的推移，与它同时代的动物或者进化，或者灭绝，而唯独只有鲎从4亿多年前问世至今仍保留其原始而古老的相貌，所以鲎有"活化石"之称。

鲎外形古怪，爬行动作特殊，全身裹着浅褐色的甲壳，像一位披甲的武士，眼睛在脊背上。鲎的腹部长有坚硬的腹甲和腹足，这样它不仅可以用胸足在泥沙上爬行，还可以利用腹足在水中自由自在地游泳，并且借助剑尾的帮助钻入泥沙中。它那长长的剑尾不仅是一种有利的工具，还是防御敌人的有利武器，坚硬的剑尾就像宝剑一样刺入敌人的身体，给敌人重重的一击，置敌人于死地。鲎最怕蚊子叮咬，一旦遭到叮咬就会死去。但它却很耐热，将它放到烈日下暴晒几日，能安然无恙。

鲎也是重感情的动物，雌鲎比雄鲎大两倍以上，成年累月背着雄鲎，"夫妻恩爱"，形影不离，即使狂风巨浪也不能拆散它们。尤其雌鲎，更忠于"爱情"。如果渔人只抓它背上的雄鲎，雌鲎也不脱身逃跑，宁可"殉情"，与"夫"同归于尽。反之，若是抓住雌鲎，雄鲎则会弃"妻"而逃之夭夭。有经验的渔人就利用鲎的这种生活习性，抓住雄鲎就会找到雌鲎。若只抓到单只鲎，渔人就会把它放回海中去。

鲎有几种自己独特的运动方式：它可以靠头胸部的附肢在海底爬行；可以靠腹部的附肢在海中游泳；还可以来个"撑竿跳"——用尾剑把身体突然撑起。

鲎有四只眼睛，头胸甲前端有两只小眼睛，小眼睛对紫外线最敏感，说明这对眼睛只用来感知亮度。在鲎的头胸甲两侧有一对大复眼，每只眼睛是由若干个小眼睛组成。人们发现鲎的复眼有一种侧抑制现象，也就是能使物体的图像更加清晰，这一原理被应用于电视和雷达系统中，提高了电视成像的清晰度和雷达的显示灵敏度。为此，这种亿万年默默无闻的古老动物一跃而成为近代仿生学中一颗引人瞩目的"明星"。

鲎的血液中含有铜离子，它的血液是蓝色的，鲎的蓝血是它身体防御系统的重要一环。鲎血对细菌特别敏感，当鲎壳受损伤后，血液遇到会很快凝固，阻止细菌侵入体内。于是，科学家从鲎血中提取"鲎试剂"，它可以准确、快速地检测人体内部组织是否因细菌感染而致病，为急症病人的诊治做出快速诊断；在制药和食品工业中，可用它对毒素污染进行监测。

"横行一世"的螃蟹

螃蟹是甲壳类动物，绝大多数种类的螃蟹生活在海里或靠近海洋，也有栖于淡水或住在陆地。

螃蟹有很强的再生本领。当它被敌人捉住一条步足，蟹足又无力对付这个敌人时，它就会断掉那条被捉住的步足，然后脱身逃跑，过些日子从断掉的部位还能再生出一条新的腿来，这种本领叫"自切"，是它长期以来适应复杂的外界环境的结果。

螃蟹一般都以腐殖质和低等小动物为食，是海滩上的"清洁工"。它们喜食动物尸体和粪便，如果没有螃蟹不停地大撕大嚼的话，美丽的海滨就将充满动物的陈尸腐臭了。螃蟹具有坚硬的外壳和强壮的双螯，可以对敌人发动攻击。螃蟹还会吐泡泡，这是由它独特的呼吸方式引起的。螃蟹像鱼一样用鳃呼吸，但不同的是，鱼呼吸是把水吸入口中，然后再让水通过鳃。而螃蟹呼吸是先把水从鳃吸入口中，然后再把水从口两侧的出水孔喷出。螃蟹离开水也不会干死，因为它们的腮片可以储存水分，所以它们能在陆地上"横行"。

螃蟹自我保护的本领也很大，它们能本能地利用伪装、隐蔽、恫吓、格斗和逃跑等本领有效地保护自己。隐蔽避敌是螃蟹自我保护的有效招数，其中，拟态和伪装是螃蟹躲避捕食者的一种主要形式。坚壳蟹体小色杂，表面凹凸不平，很难与周围的沙砾区别。沙蟹随沙滩而呈灰白色。瓢蟹背部隆起而厚实，行动笨拙，蜷曲不动时犹如一枚可爱的鹅卵石，表现出极好的拟态保护。体厚如球的绵蟹，身体的表面覆盖有一层短绒毛，走起路来很慢，它的后两对步足变成两个小钩，它常靠这两对小钩抓起一层海绵盖在背上，因此常被误认为一团海绵。一些生活在海藻间的蜘蛛蟹，伪装的本领更绝。它常用大螯钳下周围的海藻、海绵等物，并用唾液将它黏结在背上、腿上，有时甚至会将全身包裹起来，显得臃肿不堪，乍看上去像一团水草一般。

螃蟹具有横着走路的本领，这在动物类群中是独一无二的。它们是依靠地磁场来判断方向的。在地球形成以后的漫长岁月中，地磁南北极已发生多次倒转。地磁极的倒转使许多生物无所适从，甚至造成灭绝。螃蟹是一种古老的洄游性动物，它的内耳有定向小磁体，对地磁非常敏感。由于地磁场的倒转，使螃蟹体内的小磁体失去了原来的定向作用，为了使自己在地磁场倒转中生存下来，螃蟹采取"以不变应万变"的做法，干脆不前进，也不后退，而是横着走。

螃蟹的"横行"还与它的身体结构有关。它的腹部很小，被蜷曲在巨大的胸部下面，使它躯体的重心前移，所以更适合爬行。大部分螃蟹的胸部左右比前后宽，八只步足伸展在身体两侧，前足关节只能向下弯曲，如果笔直前进的话速度很慢，但是横着行进就快多了，前面的腿可以起到拉动的作用，后面的腿可以起到推动的作用，而且横向爬行方式能让螃蟹挤进洞穴或缝隙中躲避危险。现在自然界中仍然有少量的螃蟹保持着竖直前行的本领。比如，成群生活在沙滩上的长腕和尚蟹就可以向前奔走；生活在海藻丛中的许多蜘蛛蟹还能在海藻上垂直攀爬。

螃蟹横行的原因给我们提供一个解决生活中某些问题的启示。一个人生活在世界上，会遇到很多不以人的意志为转移的变化，而适应这些变化的最佳途径就是调整自己。否则，只能像那些不适应地磁极倒转的生物，造成"灭绝"的悲剧。其实，对待生活的困扰，不前进，不后退，而是横着走，或许别有一番天地，谁也不能否认螃蟹横着走速度会更快。

迷途知返的龙虾

龙虾，又名大虾、龙头虾、虾魁等。是属于节肢动物门甲壳纲十足目龙虾科属动物，它们头胸部较粗大，外壳坚硬，色彩斑斓，腹部短小，是虾类中最大的一类。

龙虾对环境的适应能力很强，各种水体都能生存，无论是湖泊、河流、池塘、河沟、水田均能生存，甚至在一些鱼类难以生存的水体也能存活。龙虾耐低氧能力较强，在水体缺氧的环境下它可以爬上岸进行鳃呼吸以维持生存。

龙虾的捕食方式也很特别，每到夜幕降临才出来觅食，它从不追捕小鱼，总是隐蔽起来，只要小鱼游过，马上用胸肢、足包拢起来，然后饱吃一顿。它还摄食贝类、甲壳类、藻类等，食饱后又返回穴中。别看它深居简出，警惕性还是蛮高的。两只可怕的钳子般的利螯随时戒备着，一有风吹草动，腿毛和触须就会"拉响警报"。别看龙虾模样威风凛凛，而胆子却出奇的小，就连觅食也是蹑手蹑脚，不到万不得已它总不迎敌，而是摆动尾巴倒退逃跑。龙虾天生具有"变色龙"特性，体色可随环境变化"保护色"。龙虾喜欢掘洞，并且善于掘洞。龙虾掘洞的洞口通常选择在水平面，龙虾的掘洞速度很快，尤其在新的生活环境中尤为明显。龙虾的触角十分灵敏，稍有异样击水声便警觉起来，尾扇拨水迅速逃到安全地带。它还有一套"舍须保命"的本领，龙虾幼体的再生能力强，损失部分在第二次蜕皮时再生一部分，几次蜕皮后就会恢复，不过新生的部分比原先的要短小。这种自切与再生行为是一种保护性的适应。

龙虾也有识途的本领。据报道，美国的生物学家就真的发现了一种有"回家本能"的美洲龙虾。美洲龙虾潜游在加勒比海的温和水域中，它会顺海底进行长达200千米的季节性洄游。北卡罗来纳大学生物学家在佛罗里达珊瑚礁中捕获了一群幼年美洲龙虾，把它们的眼睛上蒙上橡胶帽子，放入避光的水箱中，然后带到距捕获地点30多千米的测试海域，结果发现，龙虾每次都准确无误地往捕获地的方向游走。生物学家怀疑是某种"磁性指南针"帮助了这类甲壳类动物，便做进一步试验。他们把龙虾放置在一个模拟捕获地点南极或北极的磁场中，发现每次龙虾都好像是从磁场中获得它们的方向感。这一发现令人大吃一惊，因为这是人们首次知道无脊椎动物中也拥有这样的"导航"技能。

●知识点拨

龙虾与化学成分传感器

龙虾是用触角来寻找食物和发现身边的危险的，它每次摆动一下触角，就表明它嗅了一次。在触角的帮助下，龙虾能随时察觉水的成分和水中所含物质的浓度，从而判断周围的环境，目前科学家正在进一步研究龙虾是如何用触角分析不同的成分的，他们想，如果将来能利用龙虾嗅觉的仿生学原理，制成更好的水下化学成分传感器，那么，人类在未来就能更好的探测河流、海洋受化学污染的情况了。

龙虾与天文望远镜

龙虾不仅是我们的食物，它还给了人类一个非常有益的启示。生物学家在研究龙虾时发现，它的眼睛与众不同。龙虾的眼睛由许多极细的能反射光的细管组成，这些细管整齐地排列，形成一个球面，当外来光接触到这个球面时，相应的细管就会感知这些光，并会产生反射，就这样，在很远的地方，龙虾就可能发现它们的敌人，从而使自己能够及早逃避，保全自己的性命。根据龙虾眼睛的这种结构特点，美国的科技人员研制出了一种新型的天文望远镜，它可使观测范围大大增加。

直立游泳的海马

海马不是马，而是一种生活在暖水海洋中的小型鱼类，之所以称它为海马，只不过它有一个与马相似的头而已。

海马从外形上看也不像鱼，因为它们的体形非常古怪。海马的长度只有10厘米左右，躯干和头呈90度的直角，两只眼睛也很特别，能够分别旋转并"各司其职"。它的一只眼睛专门用来监视来敌，另一只则用来寻找食物。一旦发现"美味"，它那长得酷似烟囱的嘴巴便像吸尘器似的将幼虾、小鱼或海藻表面的浮游生物吸入腹中。海马还有一条像猴子一样又长又卷的尾巴，当它们觅食或休息的时候，就会用尾巴钩住附近的珊瑚或者海草，把自己固定在一个地方。

人们以为鱼在游泳时，总是头朝前尾朝后的，但是海马却是将身子垂直在水中，头朝上尾在下做直立游泳，靠各鳍推进和改变鳔中的含气量而上升或下沉。这多少给海马带来一些不便，以至于影响了它们的捕食能力，但你不用替它们担心，海马忍饥挨饿的本领非常强，往往三四个月不吃东西也不会饿死。

虽然从外表上看海马显得那么脆弱，但是它们的防御本领却非常强。因为海马全身覆盖着一层坚硬的骨板，就像一名铁甲战士，足以防御饥饿的敌人。况且，海马生活在藻类丰富的海湾中，它的体色能随环境的变化而变化，保护色和拟态使它们看起来像海草，从而躲避猎食者的捕获。

小海马是从海马爸爸的肚子里生出来的，这听起来简直让人不可思议。原来，海马爸爸的腹部有一个类似袋鼠妈妈的育儿袋，袋壁中布满大量血管，可以为"胎儿"供应足够的营养。每年谷雨过后，海马爸爸的育儿袋逐渐变厚变大，海马妈妈就将成熟的卵一粒一粒地产在海马爸爸的育儿袋中，直到盛满为止，与此同时，海马爸爸也排出精子，使卵在育儿袋中受精。到了分娩的时候，海马爸爸就将它那长长的尾巴紧紧地卷在海藻上，靠腹肌的收缩力量，通过不断的"点头哈腰"，把一个个针尖大小的小海马从育儿袋中产出来。经过了长达两天的生产过程之后，海马爸爸已经精疲力竭了。但当刚出生的海马宝宝遇上危险的时候，海马爸爸的育儿袋又成了海马宝宝最好的避风港。可以说，海马爸爸把自己一生的有限时间和有限能量都用在了小海马的生存上，这种牺牲自我、保存后代的父爱在海马身上表现得十分突出。所以有一年的母亲节，美国芝加哥的一家水族馆特意为海马爸爸举办了一个"海马爸爸过母亲节"的活动。

水中神枪手——射水鱼

在印度和东南亚一带生长着一种号称"活水枪"和"神枪手"的射水鱼，也叫水弹鱼。身长十五六厘米，银白色，扁扁的身体，外表并不奇特，它的特异功能是射水捕食。当它游动时，两眼始终警惕地注视水面上空有没有好吃的。当它发现苍蝇、蚊子、蜻蜓等昆虫在水面掠过，或停在水边草叶、石块上时，便会轻轻地游到离昆虫1米左右的地方，摆开架子，把头伸出水面，撮尖嘴，挺直身体，把事先准备好的满嘴巴水对准目标，以极大力气像射箭一样喷射出一股"水弹"，将猎物击中跌落水中，它便游来吞下。

射水鱼是自然界的神射手，它的捕食本领与众不同，它在一米距离内射出的"水弹"可以百发百中。它的秘密武器藏在嘴里，它用舌头抵住口腔顶部的一个特殊凹槽形成管道，就像水枪的枪管一样，更确切的说是玩具水枪的枪管。当鳃盖突然合上的时候，一道强劲的水柱就会沿着管道被推向前方，射程可达一米。这时，舌尖起到了活阀的作用，使射水鱼朝着正确的方向喷射水柱。如果第一次没有成功，射水鱼还会一试再试，它们可以连续发射几道水柱，然后再补充弹药。射水鱼不仅有这种神奇的本领，它们还有一个特别的能力，就是既能生活在海水中，也能生活在淡水中。

澳大利亚等地的人们很喜欢喂养这种有趣的鱼，当你观赏它时可得小心点，它会不分青红皂白地乱射一通。如果你去喂食料时，它也会把你的手当作目标，喷水射击；你如果俯视鱼缸，那更有危险性了，因为你的眼睛只要眨一下，也会引起它的重视，乘你不备毫不客气地向你"开枪"射击，把"水弹"击中你的眼睛；客人来访，千万不要在鱼缸边抽烟，那一闪一闪的火光，更会吸引它游过来向香烟射击，真像导弹一样把烟头击灭了。

射水鱼为什么能喷发"水弹"，而且命中率又这么高呢？这除了与它口腔的构造特殊，能把大量储存的水迅速形成一串水珠喷出外，还和它的眼睛视力特殊有关。射水鱼的眼睛大而突出，可以灵活转动，视网膜又特别发达，一般鱼在空气中看东西是模糊不清的，因为没有水做眼球的润滑剂。而射水鱼既能在水中看又能露出水面看。科学家用高速摄影机拍下了射水鱼发射"水弹"动作的照片，发现太阳光进入水中经折射后，射水鱼在瞄准目标时，能对光线折射造成的位置变化进行复杂的校正，而且使身体变成垂直姿势，使发射的"水弹"直线抛出，这就可以克服光线折射时的偏差，确保射击百发百中，真是个优秀射手！射水鱼喷射水弹的特技使动物学家产生了浓厚的兴趣，也给仿生学家以启示：他们经过研究和探索射水鱼眼睛的特点，从而改进了潜水员和潜水艇使用的潜望镜等水下仪表设备。

游泳健将——旗鱼

旗鱼是海洋中一种大型的凶猛食肉鱼类，身体钝圆粗壮，呈纺锤形，长达二三米，为体高的10倍左右，尾部呈"八"字形分叉，犹如一柄大镰刀。体色青褐色，有灰白色圆斑。第一背鳍长而高，有黑色斑点，前端上吻凹陷，它们竖展的时候，仿佛是船上扬起的风帆，又像随风飘展的旗子，故称旗鱼。

旗鱼游泳敏捷迅速，攻击目标时，时速可达113公里，还可潜入

800米深的水下。旗鱼的嘴巴似长剑，可把水很快往两旁分开；背鳍生得奇特，竖起展开犹如船上的风帆。当它游动起来，便放下背鳍，减少阻力；尾柄特别细，肌肉很发达，摆动起来非常有力，像轮船的推动器。这些身体结构的特点，是它创造鱼类游泳速度最高纪录的可贵条件。它在辽阔的海域中疾驰如箭，游速每小时达120公里，比轮船的速度还要快三四倍。旗鱼属于大洋性鱼类，大洋里的海流速度很快，如果不练就迅速游泳的本领，就要被海水冲走，所以，久而久之就练出了如此快的游速。

一般来说鱼的身体是恒温的，而旗鱼却有让自己的眼睛升温的本领。能选择性地使其眼睛温度发生变化。在旗鱼眼睛附近的肌肉里有一个特殊的加热组织，它能够使旗鱼的眼睛温度比旗鱼生活游弋的水温高出 10—15℃。但是加热需要耗费旗鱼大量的能量。在热的辅助下，旗鱼眼睛的工作效率比在3℃左右的深海环境下要高出10倍。眼睛温度的提高的确有助于旗鱼扩大它捕猎的空间，成为更成功的捕猎者。

旗鱼的攻击力特强。它眼圆口大，上吻突出尖长，形如锋利的长剑，非常坚硬，是一种强有力的攻击型武器。旗鱼喜欢游浮于水的表层，旗状背鳍和镰刀形的尾鳍常露出水面，耀武扬威，巡游四方。它捕杀别的海洋鱼类时，凭着锋利的剑式长吻和游速快的特点，冲入鱼群，扯起大旗——背鳍，用剑一样的长吻东砍西刺，用砍刀般的尾鳍左挥右舞，把近身的鱼儿撞碎撕裂，整个鱼群被冲得七零八落，纷纷逃命。不用多久，海洋上到处漂浮着鱼尸，连海水也被染红了。旗鱼吞吃了一些刚被杀死的鱼，丢下大批吃不掉的便大摇大摆地游走啦。旗鱼不但能攻击大型鲸，而且还会袭击船只，被人们视为海洋中的无情"杀手"。

身藏"长针"的箭鱼

箭鱼也叫剑鱼，因其上颌的形状上、下扁平，中间厚两边薄，如同一柄锋利的宝剑而得名，但又因其速度快，如同离弦之箭故称箭鱼。主要分布于印度洋、大西洋和太平洋，大西洋西部的美洲东岸。

箭鱼的游泳能力极强，速度极快，是游泳最快的鱼类之一。这与它的身体形状有关，它的体重有900千克，身体长达3米，呈典型的流线型，非常漂亮，而且身体表面异常光滑，像覆盖着一层温滑的黏液，穿过海水几乎没有什么阻力。而那张长长尖尖的嘴巴，上、下扁平，中间厚两边薄，像一柄锋利的宝剑，能够避水开路，成为它游泳的有利条件。最为奇怪的是，箭鱼的背上长有巨大的尾柄，像一面锋利而结实的钢板，强壮有力，当它穿行于水中，尾柄便会产生巨大的推动力，为箭鱼加油助威。箭鱼一般在水表层洄游，有时露出背鳍，有时跃出水面，它们游泳时不成群，每条鱼保持一定的距离，以每小时130公里高速前进，坚硬的上颌能将很厚的船底刺穿！它们攻击船时，只把"剑"刺入船体。在英国的博物馆里，有些奇特的陈列品。其中，一艘捕鲸船的34厘米厚的木板中间，就嵌着一根长30厘米，圆周12.7厘米的箭鱼的"剑"；此外，还有一块55.8厘米厚的木板，被箭鱼扎穿了个孔。

箭鱼性情凶猛，捕食能力强，长吻是它攻击和捕食的主要武器。捕食时，它猛力冲击鱼群，用"宝剑"刺杀，然后吞食。箭鱼虽凶猛，但怕惊，常常避开其他大型鱼类，不过一旦被激怒，也向大型鱼类或船只猛烈冲去，能够穿透钢板的"利剑"快速地横冲直撞，被撞者不死即伤，然后被它慢慢吞食掉。它飞出海面爆发力极强，经常冲出海面以剑状上颌攻击大型鲸类和鱼类。

箭鱼快速游泳的体形为飞机设计师提供了设计蓝图，设计师仿照箭鱼外形，在飞机前安装一根长"针"，这根长"针"刺破了高速前进中产生的"音障"，这样超音速飞机就问世了。这种超音速飞机的出现也是仿生学的一大成功。

会捕鸟的猫鲨

猫鲨是鲨鱼的一种，栖息在近海的底层。它们的名字源于生着一对猫科动物般的眼睛，而且在光线的照射下会闪闪发光，对光线极其敏感，因此它们成了在光线昏暗的中层带中最致命的捕食者之一。

猫鲨分布广泛，从近岸浅海到 2 000 米深的深海都有分布。它们身体细长，眼睛有横向的纺锤形、卵圆形或裂缝状，眼睑上部已经演化为瞬褶，在高速前进时可以保护眼睛。各种猫鲨一般身上都有彩色斑点和条纹，尾鳍水平不上翘。主要以小鱼和无脊椎动物为食。

猫鲨十分狡猾，捕食有自己的"绝招"，别瞧它在海洋里生活，居然可以捕到在天空中飞翔的鸟类，这似乎是件不可思议的事。在茫茫大海上，猫鲨发现了天上的飞鸟，它马上将身体半浮于海面，只露出暗灰色的背部，一动不动像是一块海中礁石。在空中翱翔的飞鸟飞累了，正想找个地方休息，看到海里有块"礁石"，便高兴地降落在上面。这时狡猾的猫鲨并不急于行动，而是先将尾部慢慢下沉，再逐渐将后半身沉入海中，飞鸟不知内情，也随之一点一点地向前移动，在它刚刚移到猫鲨头部之际，就被猫鲨突然一口吞下。

饱餐之后，猫鲨又游往别处故伎重演。于是，那些本来机灵的海鸟就一只只葬身鱼腹。

猫鲨偶然被渔夫网获之后，剖腹时绝大多数腹内有消化不了的鸟毛，有时甚至发现人的头发。因此，南澳渔夫把它视为不祥之物，网获它是"没有好头彩"，所以有时把它放回大海。

中国只有虎纹猫鲨 1 种，体长 0.5 米左右，身体为黄褐色，具有 11 或 12 条不整齐横纹，腹面呈淡褐色。分布于黄海和东海沿岸。日本和朝鲜沿海也有分布。为冷温性，栖息在近海底层，卵生。

海底的蛟龙——海蛇

海蛇是生活在海洋里的爬行动物，也叫"斑海蛇"，有毒，长 1.5—2 米。躯干呈圆筒形，身体细长，后端及尾侧扁。背部深灰色，腹部黄色或橄榄色。全身有 55—80 个黑色环带。

海蛇喜欢在大陆架和海岛周围的浅水中栖息，在水深超过 100 米的开阔海域中很少见。它们有的喜欢待在沙底或泥底的浑水中，有些却喜欢在珊瑚礁周围的清水里活动。海蛇潜水的深度不等，有的深些，有的浅些。曾有人在四五十米水深处见到过海蛇。浅水海蛇的潜水时间一般不超过30分钟，在水面上停留的时间也很短，每次只是露出头来，很快吸上一口气就又潜入水中了。深水海蛇在水面逗留的时间较长，特别是在傍晚和夜间更是不舍得离开水面，它们潜水的时间可长达2—3个小时。

海蛇的毒液属于细胞毒素最强的动物毒。钩嘴海蛇毒液相当于眼镜蛇毒液毒性的两倍，是氰化钠毒性的80倍。海蛇毒液的成分是类似眼镜蛇毒的神经毒，它的毒液对人体损害的部位主要是随意肌，而不是神经系统，所以属细胞毒素。海蛇咬人无疼痛感，其毒性发作有一段潜伏期，被海蛇咬伤后30分钟甚至3小时内都没有明显中毒症状，然而这很危险，容易使人麻痹大意。实际上海蛇毒被人体吸收非常快，可能在几小时至几天内死亡。多数海蛇是在受到骚扰时才会伤人。

海蛇御敌的武器就是尖利的牙齿和毒液，它能将敌害麻醉，然后吞下去。海蛇的牙齿使它在海里所向披靡、横行霸道。

海蛇的潜水能力很强，它停留在水面的时间很短，有时潜水的时间达到数十分钟，是什么原因使海蛇在这么短的时间内贮存大量氧气来进行潜水的呢？至今还是一个谜。不过有人认为，海蛇有一个容量极大的肺，而且在下潜的过程中它能调节各种重要器官，降低耗氧量，同时它的皮肤能帮助呼吸，并能将获得的氧气迅速转化，维持在下潜时身体的需要。看来，海蛇的下潜之谜有待确认。

海蛇也有较高的经济价值，它的皮可用来做乐器和手工艺品；蛇肉和蛇蛋可食，味道很鲜美；某些内脏可入药。蛇毒可以用来制成各种单价或多价抗毒血清。用这种抗毒血清，可以治疗毒蛇咬伤。海蛇毒可以提取多种活性酶，这些活性酶可以在医药和科研中使用。使用海蛇毒素研制成的新型镇痛药，对三叉神经痛、坐骨神经痛等顽固性神经疼痛具有良好的镇痛效果。此外，对恶性肿瘤引起的剧痛，也有明显的镇痛效果。用海蛇毒制作的镇痛药和镇痛药物吗啡相比，虽然起效稍慢，但是镇痛时间长，不会成瘾，所以很受欢迎。

会发电的鱼——电鳐

在浩瀚的海洋里生活着会发电的电鳐，它的发电器是由鳃部肌肉变异而来的。在头部的后部和肩部胸鳍内侧，左右各有一个卵圆形的蜂窝状的大发电器，有海中"活电站"之称。

电鳐一般个体较小，30—40厘米左右，少数品种长达2米，重100千克，广泛分布于热带、温带海域，底栖鱼类，体盘厚而柔软，多呈椭圆形或团扇形，口小，齿细小而尖。

电鳐是沿海常见的一种软骨鱼类，它能放出80伏特的电压，最高可达200伏特。它每秒钟能放电50次，但连续放电后，电流逐渐减弱，10—15秒钟后完全消失，休息一会后又能重新恢复放电能力。

电鳐身上的发电器官是由许多特殊的管柱状细胞构成的电板组合成的。电鳐体内有200万块电板，虽然单个电板的电压不高，但是把它们串联起来，就会产生很高的电压。每两个管状细胞之间都有一层胶状物质绝缘。电板的一面比较光滑，有神经末梢分布的是正极，另一面凹凸不平，没有神经分布的是负极。这种构造很像电池，每当电鳐受到敌人侵害或者在海中发现有小鱼游到身边的时候，它就可以通过神经传递命令，使贮存在发电器中的电输出去，在水中形成一个电压高达60—80伏特的强电场，使敌害遭受到电击而逃窜或将小鱼电死作为自己的食物。

世界上有好多种电鳐，其发电能力各不相同。非洲电鳐一次发电的电压在200伏左右，中等大小的电鳐一次发电的电压在70—80伏，像较小的南美电鳐一次只能发出37伏电压。由于电鳐会发电，人们称它为活的发电机、活电池、电鱼等。

电鳐的特殊本领早就引起人们的注意，早在古希腊和罗马时代，人们就利用电鳐的电力来医治疾病，医生们常常把病人放到电鳐身上，或者让病人去碰一下正在池中放电的电鳐，利用电鳐放电来治疗风湿症和癫狂症等病。就是到了今天，在法国和意大利沿海，还可能看到一些患有风湿病的老年人，正在退潮后的海滩上寻找电鳐当作自己的"医生"呢。

●知识点拨

19世纪，意大利物理学家伏特以电鳐的发电器官为模型，设计出最早的伏打电池。由于这种电池是根据电鱼的天然发电器官设计的，所以又叫"人造电奇观"。伏打电池是世界上第一个直流电源。近年来，人们仿照放电鱼的发电器官，制造出"电子手""电子腿"等。

出手不凡的金枪鱼

金枪鱼是一种生活在海洋中上层水域中的鱼类，分布在太平洋、大西洋和印度洋的热带、亚热带和温带广阔水域，属大洋高度洄游鱼类。它们身体粗壮而圆，呈流线型，尾基细长，尾鳍呈叉状或新月形，适于快速游泳。一般时速为每小时30—50公里，最高速可达每小时160公里，比陆地上跑得最快的动物还要快，果然出手不凡。

金枪鱼若停止游泳就会窒息，原因是金枪鱼游泳时总是开着口，使水流经过鳃部而吸氧呼吸，所以在一生中它只能不停地持续高速游泳，即使在夜间也不休息，只是减缓了游速，降低了代谢。金枪鱼的旅行范围可以远达数千公里，能做跨洋环游，被称为"没有国界的鱼类"。根据科学家研究，金枪鱼是唯一能够长距离快速游泳的大型鱼类，实验显示，金枪鱼每天游程可以达到230公里。

大多数金枪鱼栖息在100—400米水深的海域，幼体的大眼金枪鱼和黄鳍金枪鱼以及鲣鱼都栖息在海洋的表层水域，一般不超过50米水深，而成体的大眼金枪鱼和黄鳍金枪鱼栖息水层比较深，大眼金枪鱼的栖息水层深于黄鳍金枪鱼。

金枪鱼为了适应所处的环境，它腹部和背部的颜色是不一样的，这是金枪鱼自我保护的一种方法。金枪鱼腹部的颜色比背部的要浅，这样，从海里面向上看它的时候，它浅淡的体色跟海面的颜色差不多；从天空往下看的时候，它又跟海洋深处水的颜色差不多。这样，金枪鱼靠上下体色的差异既能够躲避空中和大海里的天敌，又能够巧妙地迷惑其他生物，进行捕食。金枪鱼在大海里也有它的保护者，鲸和鲨鲸就是它的好朋友，它们经常游在一起，金枪鱼如果碰上了天敌，就会赶紧靠近鲸或鲨鲸，借助朋友的庞大躯体来掩护自己。金枪鱼的主要食物是各种鱼类和甲壳类等动物，因为，金枪鱼是一种肉食性的海洋鱼类。

金枪鱼的呼吸系统和循环系统在鱼类中也是独特的。它的循环系统是由供血的心脏和血管网组成的，根据自己的需要储存热量或者消耗热量，当金枪鱼不太活动的时候，就储存热量，当活动加剧的时候就消耗热量。

金枪鱼的体温变化也很特殊，跟多数鱼类不同，它不但跟自身的大小和活动量的大小有关，而且跟周围的水温也有关系，金枪鱼的体温始终保持在比自己活动场所的水温要高。经科学家周密研究，金枪鱼的体温比周围水温高出9℃。这种不知疲倦的快速游泳者，肌肉收缩力量是使它们体温升高的主要原因。沿金枪鱼脊柱两侧有着强有力的肌肉和皮肤上大量的血管网丛，表明这些部分的新陈代谢特别旺盛，因而金枪鱼的鱼肉似牛肉，是紫红色的。其中血红素含量很高，低脂而高蛋白，所以营养价值高。

美国海军专家认为，金枪鱼具有平滑的线条，极快的游动速度以及在水中的高度灵敏性，是设计下一代新型潜艇理想的生物模型。一艘长近2.5米的仿金枪鱼式潜艇原型已经问世，正在马萨诸塞州德雷珀实验室接受测试。这种潜艇的外观和游动与金枪鱼极其相似，其速度和操纵灵活性远高于现有潜艇，能够成功地潜入敌人的任何防区，执行敏感的侦察任务。

海中遨游的海蛙

在东南亚沿海和我国海南省沿海，生活着一种奇特的海蛙，它是迄今人们所知的唯一能在海水中生活的蛙。它们体长6—8厘米，背面深绿色，有不规则的斑块，前后肢上也有横斑，趾间有蹼。雄蛙咽侧下有一对外声囊，能够鸣叫。

海蛙平时生活在沿海咸水或半咸水的海湾泥滩上，其活动范围一般不超出咸水环境50—100米之外，故称"海蛙"。它们白天隐伏在泥沙洞里或红树林根须丛中，夜晚退潮后，钻出隐蔽地，在海滩上跳跳蹦蹦，十分活跃地捕食乱爬的小蟹，所以又得名"食蟹蛙"，也捕吃虾类、螺类和昆虫类等。

海蛙能在海水里生活自如，是因为它们体内有特殊的生理机构，不但体内的水分不会向外渗透，反而海水里的水分还会通过皮肤渗入体内，使体内维持较高的渗透压，能耐受2.8%的含盐浓度，而一般蛙类在盐浓度超过1%的海水中就不能生存。

海蛙在繁殖季节，常常因地制宜地在海水洼塘里产卵，直晒的阳光使海水洼塘温度升高到40℃以上。然而海蛙的卵和蝌蚪都能忍受高温照晒，这在蛙类王国中也是绝无仅有的。不仅如此，蝌蚪的耐盐比海蛙还强，在含80%氯化钠的海水中生活12个小时后，死亡率只有30%。

经动物地理学家研究，生活在我国海南岛的海蛙是其分布的最北地区，与生活在东南亚沿海的海蛙原是"一家人"。但现在为什么两者相隔千里，而且海蛙是不能远离海岸的，只能生活在沿海50米以内的海滩上。那么，我国海南岛的海蛙是怎么来的呢？有些科学家认为，我国海南岛曾和雷州半岛大陆相连，也跟东南亚沿岸连成一体。海蛙沿着中南半岛海岸向北到海南岛一带活动觅食，后来，地壳变化，海水上升，海南岛孤立于大海之中，生活在海南岛沿海的海蛙，从此就与东南亚沿海的海蛙"亲兄弟"隔洋相望南北分居。

会游泳的"蝴蝶"——狮子鱼

狮子鱼是近年来很流行的海洋观赏鱼类，它的胸鳍和背鳍长着长长的鳍条和刺棘，形状酷似古人穿的蓑衣，故又被人称为蓑鲉。这些鳍条和刺棘看起来就像是京剧演员背后插着的护旗，一副威风凛凛的样子，在阳光下看起来非常亮丽而多彩。它们时常拖着宽大的胸鳍和长长的背鳍在海中悠闲的游弋，悠游自在，完全不惧怕水中的威胁，就像一只自由飞舞在珊瑚丛中的花蝴蝶。

狮子鱼捕食本领很强。当它们发现猎物时，胸鳍就会竖起来，然后开始快速地抖动，这种抖动和响尾蛇尾巴的摆动非常相似。这一举动是在吸引猎物的注意力，也能让狮子鱼的注意力更加集中于它的猎物。当猎物缩在角落，被眼前的一切所迷惑时，狮子鱼便突然收起所有的鳍，以最快的速度在眨眼间将猎物吞下。

狮子鱼在海中可以如此悠然自得、目中无人，主要是因为它们背鳍、胸鳍和臀鳍上长长的鳍条，这些鳍条的基部都有毒腺，鳍条尖端还有毒针。一般情况下，这些鳍条都处于完全展开的状态就像一个刺猬，让那些想对狮子鱼下手的掠食者们都无所适从。但它的腹部没有刺棘保护，它自己也深知这一点，所以当遇到危险或是在休息时，它会用腹部的吸盘将自己贴在岩壁上寻求自保。

狮子鱼可是有名的"毒王"，它们的毒素会引起剧烈的疼痛、肿胀，有时候还会发生抽搐，最严重的情况也可能引起死亡。狮子鱼的蜇刺过程简单而有效。当你试图接近它时，它会向后退，这不是畏惧的表现，而是为进攻所做的准备。它的进攻一般在眨眼间就会发生，当毒刺蜇进入体组织时，位于毒刺根部的毒囊早已做好了准备，狮子鱼只要简单的一挤就能释放毒液，毒液通过毒刺造成的伤口注入人体组织内部。

雄性狮子鱼有一颗"慈父"心和呵护"儿女"的特点。从雌性狮子鱼在退潮海水的边沿产卵开始，雄性狮子鱼就及时承担了父亲的责任和义务。除了要保护鱼卵免受凶猛动物的伤害外，还要在退潮时口中含水喷吐到鱼卵上，以保持孵化所必需的湿润。偶尔，它们还使出用鱼尾拍击海水，将溅起的水花喷洒鱼卵的绝招。鱼卵孵化出幼鱼后，它们的"慈父"爱心并未减退，仍然一如既往地陪伴、护卫在幼鱼群的左右。遇到险情，长着吸盘的幼鱼就向鱼爸爸游去，不一会儿工夫，鱼爸爸的周身就被吸附它身体的幼鱼密密麻麻地簇拥起来。看上去，它们父子间也不知道究竟是谁护卫谁了。"慈父"就这样满载着吸附周身的幼鱼，游向深海中的安全地带。

狮子鱼是夜行性，晚上开始猎捕甲壳类或小鱼为食，白天则停在水中或礁洞中休息，一动也不动。狮子鱼身上布满深浅不一的条纹，饲养在鱼缸里异常美丽，但不了解其习性的人要小心，不能随意用手去触摸它以免被它的毒刺蜇伤。

无鳞"公子"——黄鳝

黄鳝又名鳝鱼，长鱼等，是我国特产的野生鱼类，它们身体细长，蛇形，前端圆，向后渐侧扁，尾部尖细。吻端尖，眼小，身体润滑无鳞，没有胸鳍和腹鳍，体背部多为黄褐色或青灰色，腹部灰白色，全身布有许多不规则黑色小斑点。生活在湖沼、泥塘、沟渠及稻田中，有钻泥掘穴的"本领"，冬季数月在洞穴中度过。

黄鳝喜欢穴居生活，它们没有特殊的攻击本领，也没有有力的防御武器，唯一的技能是"三十六计，逃为计"，它既无胸鳍又无腹鳍，就是背鳍和臀鳍也退化得仅留下一点点皮褶，鳞片消失得肉眼都难看见。可是全身能分泌出非常油滑的黏液，不小心它就能从你手中溜之大吉。鳝鱼身上的黏液主要是预防细菌、病菌侵染身体，减少疾病；阻止寄生动物、植物的纠缠，有利成长；油头滑面，有利于它在泥中通行无阻。

黄鳝昼伏夜出，白天很少活动，一般静卧于洞内。由于黄鳝视觉不太发达，眼睛高度近视，因而在夜间光凭着视觉是很难发现食物的，所以在觅食时主要依靠鼻孔内发达的嗅觉小褶，探测猎物藏身所在地。平时，黄鳝在洞内将头部伸出洞口处，一旦有蝇蛆、蚯蚓、各种虫类从洞口路过，就立即张口，以啜吸或者吞食的方式把猎物吸吞下去。当捕到较大生物时，一般是猛一下咬住动物的头部，将其致死，或用旋转方式咬断生物，然后再把猎物慢慢吃下，捕食后便立即缩回洞内休息。黄鳝还能在穿穴时摄食蚯蚓等土栖动物，同时黄鳝还有嗜食陆生动物的癖好，夜晚它们常常游到岸边甚至爬到岸上寻找食物吃，稚鳝最爱吃小型的甲壳类浮游生物。

鱼类一般都有胸鳍和腹鳍，都是雌雄异体，其卵巢或精巢总是成双成对，但黄鳝却是雌雄同体，卵巢退化，精巢逐渐发育成熟便变成了雄性。黄鳝一生中要经历雌雄两个不同性别的阶段，先是"小姐"后是"先生"。人们平时看到的多是体形较大，第二次性成熟后转化成为雄性的黄鳝，所以许多人误以为黄鳝都是雄的，又见它鳍鳞全无，故称之为"无鳞公子"。这种阴阳转化过程，生物学上叫性逆转。

黄鳝的鳃不发达，主要借助口腔及喉腔的内壁表皮作为呼吸的辅助器官，能直接呼吸空气，在水中含氧量十分贫乏时，也能生存。出水后，只要保持皮肤潮湿，数日内也不会死亡。黄鳝是以各种小动物为食的杂食性鱼类，夏季摄食最为旺盛，寒冷季节可长期不食，有忍耐饥饿的本领，一旦吃饱一餐，3—5天不食也不致死亡。

长游冠军——大马哈鱼

大马哈鱼属于溯河性洄游鱼类，是"江里生，海里长"。在海岸生活3—5年，成熟时回江河产卵。分布在北纬35°以北的太平洋水域，亚洲和美洲沿岸均有分布。大麻哈鱼为凶猛的肉食性鱼类，幼鱼时吃底栖生物和水生昆虫，在海洋中主要以鲱等小型鱼类为食。

大马哈鱼体型呈纺锤形，口裂很大，上颌骨延长到眼的后缘，斜向下方，似鸟喙状。上、下颌各有一列齿，齿形状尖锐向内弯斜，除下颌前端四对齿较大外，其余的均细小。大马哈鱼除像其他鱼一样有胸鳍、腹鳍、背、尾鳍外，还有脂鳍。

每年当秋季来临时，成熟的大马哈鱼成群结队地来到它们原来的繁殖场地产卵。大马哈鱼具有顽强的意志，在归途中不论遇到多猛的水势都能冲过去，不论遇到什么障碍都能克服，一直奋力前进。它们顾不得吃、也顾不得休息，急急忙忙地赶路，依靠体内储存的营养物质维持生命，直至游到目的地，找到合适的产卵场所。它们沿江上溯的速度相当惊人，每昼夜可上溯30—50公里，不愧为鱼类"长游比赛"的冠军。在前进中为了越过瀑布或障碍物时，它们以尾部竭力击水，借高速游泳而向前上方斜跃出水面，跳往空中达2—2.5米高。

在入河洄游途中，大马哈鱼的体色变化很大，开始色彩非常鲜艳，背部和体侧呈黄绿色，随着时间的推移逐渐变暗，呈现青黑色，腹部银白色。体侧有橘红色的婚姻纹斑，约10—12条，雌鱼的颜色较浓，待到产卵场时，身体的颜色更为黑暗。

大马哈鱼成鱼进入淡水生殖期间便不再摄食，对产卵场的要求很严，环境要僻静，水质澄清，水流较急，水温5—7℃，底质为沙砾地。产卵后雌雄鱼长期徘徊于产卵场周围，它们由于经过长途而艰辛的洄游，洄游其间又不再进食，体力消耗殆尽，体色黑暗，遍体是伤，已经失去食用价值。因此产卵后7—14天即死亡，艰苦地完成了繁衍后代的任务。大部分雌鱼仍然返回海洋，得到丰富的食物，恢复常态。而受精卵经2个月的发育孵化，仔鱼潜伏在石砾间黑暗处，待翌年4月开江后，幼鱼已长至500毫米左右便开始投河下海，先在沿海逗留一段时间后再向外海迁移，待长到成熟后再返回出生地完成繁衍后代的任务。

大马哈鱼是名贵的大型经济鱼类，体大肥壮，肉味鲜美，可鲜食，也可胶制、熏制，加工罐头，都有特殊风味。盐渍鱼卵即有名的"红色籽"，营养价值很高，在国际市场上享有盛誉。

气候鱼——泥鳅

泥鳅俗称鳅鱼，身体细长，前端稍圆，后端侧扁。体色为灰黑，并有许多黑色小斑点，体鳞细小，体表黏液丰富。体色常因生活环境不同而有所差异，为我国常见的一种小型淡水鱼类，喜欢栖息于静水的底层，常出没于湖泊、池塘、沟渠和水田底部富有植物碎屑的淤泥表层，对环境适应力强。

泥鳅不仅能用鳃和皮肤呼吸，还具有特殊的肠呼吸功能。当天气闷热或池底淤泥、腐殖质等物质腐烂引起严重缺氧时，泥鳅能跃出或垂直上升到水面，用口直接吞入空气由肠壁辅助呼吸，当它转头缓缓下潜时，废气由肛门排出。每逢此时，整个水体中的泥鳅都上升至水面吸气，此起彼伏，因此它有"气候鱼"之称。

冬季寒冷，水体干涸，泥鳅便钻入泥土中，依靠少量水分使皮肤不致干燥，并全靠肠呼吸维持生命，待翌年水涨又出外活动。由于泥鳅忍耐低溶氧的能力远远高于一般鱼类，故离水后存活时间较长。在干燥的桶里，全长4—5厘米的泥鳅幼鱼能存活1小时，而全长12厘米的成鱼可存活6小时，并且将它们放回水中仍能正常活动。

泥鳅多在晚上出来捕食浮游生物、水生昆虫、甲壳动物、水生高等植物碎屑以及藻类等，有时也摄取水底腐殖质或泥渣。泥鳅每年4月开始繁殖，在水深不足30厘米的浅水草丛中产卵，产出的卵粒粘附在水草或被水淹没的旱草上面。泥鳅还被誉为"水中人参"，肉质鲜嫩，味道鲜美，营养丰富，并对皮肤病、肝炎、痔疮等病有辅助治疗作用，是淡水中的主要经济鱼类。

仿生学家考察了泥鳅体表黏液的润滑性能，分析了试验因素对泥鳅黏液润滑性能的影响。这项研究工作所取得的成果，对于水介质下仿生减阻表面设计和环境友好水基润滑剂的仿生研究具有一定的意义。

"炸弹鱼"——鲣鱼

鲣鱼全长1米，身体为纺锤形，粗壮无鳞，体表光滑，尾鳍非常发达。主要特征是体侧腹部有数条纵向暗色条纹。体侧有4至7条纵条纹，体背蓝褐色，腹部银白，各鳍浅灰色，尾鳍新月形。一般体长40—50厘米。分布于温带到热带的广大区域，因其形状像炮弹被称为"炸弹鱼"。

在西太平洋，有一大片极为温暖而荒芜的水域，被称为暖池。那里有最大的鲣鱼种群，这些鲣鱼在暖池西部边缘觅食最为活跃，那里有两股水质完全不同的洋流系统交汇，形成一个汇聚带，在其周围浮游生物和小鱼都很集中。

鲣鱼为暖水性上层洄游鱼类，白天出没于表层至260米水深，夜间上浮。分布范围较广，在印度洋、太平洋和大西洋水温高于15℃以上的水域，都有鲣鱼的踪迹。鲣鱼喜欢聚集成大鱼群，在从沿岸到外洋的表层快速游动。它们有特别的血管构造，体温比周围的海水温度高3—10℃。喜欢尾随鲸鱼，鲨鱼做集体游动，鲸鲨也会庇护鲣鱼，它们是一种共生关系。

鲣鱼出现的海区常伴有海鸟群，在鱼群上方追捕食物。鲣鱼属黎明、昼行性鱼，捕食沙丁鱼及其他鱼的幼鱼、乌贼、软体动物及小型甲壳类。通常数十万尾相伴洄游在海洋中，鳀是它们最喜欢的食物，如果发现便上下左右群起夹攻，使无处可逃的鳀只好跃出水面。

鲣鱼每年春季产直径约1毫米的浮游性卵，一条雌鱼产卵数多达200万个，分数次产下。卵经2—3天可孵化，幼鱼一年可长到15厘米左右，夏天开始北上。成长后的幼鱼在秋天里又开始南下。鲣鱼的成鱼和仔鱼有明显的季节性分布，3龄全部性成熟。

鲣鱼肉可生食，清煮也很可口，还可做鱼松、鱼干，为重要的水产资源。可供鲜食或制成咸干品，世界主要渔业国利用鲣鱼加工成罐头制品，在欧美市场十分畅销。

变色专家——比目鱼

比目鱼又叫鲽鱼，是一种卵圆形扁平深海鱼类。它们的身体扁平，表面有极细密的鳞片，只有一条背鳍，从头部几乎延伸到尾鳍。它们主要生活在温带水域，是温带海域重要的经济鱼类。比目鱼的特征是两眼均位于身体的左侧，有眼的一侧有体色，另一侧为白色。

比目鱼这种奇异形状并不是与生俱来的。刚孵化出来的小比目鱼的眼睛也是生在两边的，在它长到大约3厘米长的时候，眼睛就开始"搬家"，一侧的眼睛向头的上方移动，渐渐地越过头的上缘移到另一侧，直到接近另一只眼睛时才停止。比目鱼的头骨是软骨构成的，当比目鱼的眼睛开始移动时，比目鱼两眼间的软骨先被身体吸收，这样，眼睛的移动就没有障碍了。比目鱼眼睛的移动是比目鱼的体内构造和器官也发生了变化。比目鱼已经不适应漂浮生活，只好横卧海底了。

比目鱼的生活习性非常有趣，在水中游动时不像其他鱼类那样脊背向上，而是有眼睛的一侧向上，侧着身子游泳。它常常平卧在海底，在身体上覆盖一层沙子，只露出两只眼睛以等待猎物、躲避捕食。这样一来，两只眼睛在一侧的优势就显示出来了，当然这也是动物进化与自然选择的结果。

比目鱼可谓是"变色专家"。它们生活在海底，身上布满杂乱无章的斑点，看上去就像一堆海底碎石。更奇特的是，这种鱼可以移动皮肤上的色素细胞，使自己身体上的颜色根据不同的环境而改变，以配合不同的栖息环境。有些比目鱼的眼睛如果不幸受损，它们就失去了改变身体颜色的本领，为了生存，它们还有一种伪装方法：索性将整个身子埋在海底的沙堆里，只露出双眼，犹如潜望镜一般，默默侦测四周的动静。

比目鱼身体还能分泌一种乳白色的毒液，能杀死周围的小动物作为食物。鲨鱼尽管凶猛无比，但一沾上这种液体，嘴巴就像中了魔似的立即僵硬，成了名副其实的纸老虎。比目鱼是重要的经济鱼类，我国沿海都有分布。肉味美，肝可制鱼肝油。有些种类还可入药，具有消炎解毒的作用。

环保明星——蚯蚓

蚯蚓也称"地龙""曲蟮"，是一种身体细长柔软的环节动物。全世界的蚯蚓有2 500多种，我国约有140种，最大的蚯蚓是澳大利亚的巨蚓，体长可达1.23米。

蚯蚓分布非常广泛，见于世界各地所有湿度合适并含足够有机物质的土壤。它们昼伏夜出，以腐败有机物为食，连同泥土一同吞入，也摄食植物的茎叶等碎片。它的触觉器发达，对地面震动、噪声、光亮和黑暗都能敏感地反应。蚯蚓有适应环境的肤色，生活在土壤中的蚯蚓，大都呈灰色或灰褐色，其貌不扬。蜥纹环毛蚯蚓身体背面环纹棕绿，趴在苔藓类植物上，浑然一体；在四川省峨眉山附近有一种嗜竹环毛蚯蚓，背部的颜色和身体就像竹枝一样，它常常生活在竹子上，难以分辨……

蚯蚓是长有好几个"心脏"的动物。但蚯蚓的"心脏"与高等动物的心脏不一样，是一种膨大的环形血管。

蚯蚓具有较强的再生本领，身体被切断以后，在断掉的地方会生出好似胚胎的组织，很快将失去的部分补偿好，长成一条新的蚯蚓。再生能力强的是切断蚯蚓前端五节到八节的地方，如果把蚯蚓九节以上的地方切断，再生能力就很慢，如将蚯蚓的第十五节以后切断，就不能再生出头部，只会长出一个缺脑袋的尾状体，成为一条两个尾巴的变态蚯蚓。

蚯蚓是松土行家，在这方面，它的本领可大了。它的前端头部有一个光滑的、肌肉发达的肉质部分叫口前叶，像个小土钻，具有探索和挖土的作用。蚯蚓依靠头部在前开路，先把头伸长缩尖，钻个小洞，然后把头部胀大挤压土壤，在身躯肌肉的伸缩下，把泥土分开，向前推进。如果遇到特别硬实板结的土层，用力挤压不开时，便把前面的土壤吞下，继续在土中前进，将板结的土层耕耘为松软的土壤，使空气和水分可以更多地深入土中，有利于植物生长。

蚯蚓在垃圾处理、环境保护等领域扮演着重要角色。蚯蚓在自然界物质循环中是分解者，能无污染地处理生活垃圾和有机废弃物，并将其转换为有机肥料。蚯蚓的消化系统是惊人的，它能分泌出一种分解木纤维的酶。因此，一些杂草木屑、兽骨鱼刺、蛋壳果皮、破布烂纸及其他污物都是它们口中的美味佳肴。据有关专家经实验得出数据，两吨蚯蚓一天可吃掉一吨有机垃圾。蚯蚓在吃垃圾的同时还会产生无味、无害、高效的绿色有机肥，3吨有机垃圾可得到1吨蚯蚓粪，蚯蚓的这种高超本领引人注目。2000年悉尼奥运会期间，奥运村的生活垃圾便是靠160万条蚯蚓处理掉的。俄罗斯专家用杂交法培育出一种蚯蚓"清洁工"，这种蚯蚓能在缺氧条件下，进食污水中的致癌盐类、苯酚、有毒碳氢化合物等对自然环境有害的物质，然后再将"食物"残渣转化为可促进植物生长的腐殖质、激素等无毒物质，并将其排出体外。此外，这种蚯蚓还能净化公路两旁的草地，消化吸收土壤中含锌、镉的重金属化合物，蚯蚓这种"化腐朽为神奇"的本领为人类的环保做出了巨大的贡献。

空中卫士——蜻蜓

蜻蜓身体修长，色彩艳丽，姿态优美，见于全世界各地的淡水环境。一般体形较大，翅长而窄，膜质，网状翅脉极为清晰，飞行能力很强，是益虫，它们几乎生来就是专门捕捉害虫的，对人类生活帮助很大，有"空中卫士"的称号。

在昆虫世界里，蜻蜓飞行本领最高，是昆虫中飞行时翅膀扇动次数最少，飞行速度最快的，每小时能飞行100多公里，还能在空中短暂停身不动。它飞行前进时不能灵活转变方向，要定住身体然后转向。能做许多高难的动作，就连飞机也做不到。它在休息时翅膀仍旧外伸，即不能折叠翅膀，所以停留的地方要有相当的空间，多半在枝头或叶顶。

蜻蜓属于肉食类昆虫，而且食量很大，专门把蚊子、苍蝇和其他小昆虫作为食物。一种俗称为"青头愣"的绿色大蜻蜓，一天能毫不在乎地吃掉两千只左右的蚜虫等小飞虫，它吃蚊子，苍蝇之类当然更不在话下。此外，凡是会飞会爬的小飞蛾、小昆虫，它都喜欢，这样大量地为人类消灭害虫，叫它"空中卫士"是当之无愧的。

蜻蜓有自己独特的捕食方法，它经常一边飞行，一边寻找猎物。如果遇到飞舞的蚊子、蝇等小昆虫时，就立即冲上去攻击。它喜欢把六只脚向前方伸张开，由于它每只脚上生有无数细小而锐利的尖刺，就像步枪上了刺刀一样，它的六只脚合拢起来的时候，就像一只小笼子，当它朝着飞翔的小昆虫加速猛冲过去的时候，小昆虫就被捕捉到用六只脚合拢成的"笼子"里面去了，然后蜻蜓就用它的大嘴逍遥自在地大嚼大吃起来。一般情况，一只蜻蜓一个小时能捕食840只蚊、蝇。

蜻蜓的视觉非常灵敏，有两只大复眼，它的复眼中一共有两万只，甚至两万八千只左右的小眼睛，是一般昆虫复眼的10倍。它的眼睛的构造也非常特殊，复眼上半部分的小眼睛，专门看远处的物体；下半部分的眼睛专门看近处的，这和老年人用的"双光眼镜"的原理是完全一样的。昆虫的眼睛，一般来说都是近视眼，可是蜻蜓的眼睛却是远近都能看。不过距离太远的物体是看不太清楚的，最远也只能看到5—6米远。蜻蜓的眼睛尽管视力比较好，但对物体的形状却辨别不清，它只能看到物体活动，这样便可以捕捉到飞行着的小昆虫了。凡是能飞能动的小昆虫不管它是什么形状，只要在蜻蜓的视野范围以内，都可以被它捉到吃掉。

蜻蜓急速飞行时，每小时可达140公里左右。它的双翅又薄又透明却不会折断，生物学家经研究发现，在蜻蜓翅膀的前端，各有一块深色的角质层——翅痣，它加厚了翅膀的一小部分。试验证明，如果除掉翅痣，蜻蜓在飞行时同样会折断翅膀。原来，是翅痣消除了蜻蜓产生震颤的危害。

飞机在高速飞行时，常会引起剧烈振动，甚至有时会折断机翼而引起飞机失事。科学家虚心向蜻蜓学习，在飞机机翼前端的边缘像打补丁一样，安装了一块长方形的金属板，称为抗震颤装置。飞机有了这一"翅痣"后，哪怕飞得再快也不会折断翅膀了，解决了因高速飞行而引起振动这个令人棘手的问题。

●知识点拨

蜻蜓通过翅膀振动可以产生不同于周围大气的局部不稳定气流，并利用气流产生的涡流来使自己上升。蜻蜓能在很小的推力下翱翔，不但可向前飞行，还能上下和左右飞行。蜻蜓的飞行行为简单，仅靠两对翅膀不停地拍打，科学家根据此结构基础研制成功了直升机。

编织能手——蜘蛛

蜘蛛属于节肢动物，全世界的蜘蛛大约有4万种，中国约有3 000多种。蜘蛛的种类数目繁多，大致可分为游猎蜘蛛、结网蜘蛛及洞穴蜘蛛3种。

结网性蜘蛛有自己独特的本领——织网。蜘蛛网的样式有几千种，有的蛛网像套索，蜘蛛让套索在空中飘动，套住猎物。有几种蜘蛛的网在水底下，能捕捉小鱼。还有一些蜘蛛织出片状的网，搭在植物茎上，像帆一样迎风摆动，把微风飘送过来的小虫逮住。也有一些蜘蛛网像漏斗形，而且很硬，几乎不会弯折。在各种蜘蛛网的样式中，人们最熟悉的是同心圆圈构成的圆形蜘蛛网。在蜘蛛的腹部后面，有六个不同型号的吐丝器，在它的外面，有一千多个小孔，液状的丝汁从这些小孔中喷出来，一遇到空气马上凝聚成一根根丝，一千多根丝并起来，变成了一根毛茸茸的、黏性很大、张力很强的丝线。黄昏来临时，蜘蛛就开始结网了，它先在树枝上固定一些丝，把那些丝连起来，再加上几条辐线，然后绕着圈盘旋起来，成螺旋状，中间细密，四周较稀疏，过不了一个小时，一张结实、漂亮的网就结好了。不管哪一种网，在捕捉昆虫上都是卓有成效的。每当一个小昆虫撞到网上被粘住后，蜘蛛就快速地爬过去将它抓住。如果猎物还在网上挣扎，蜘蛛就会从腹部排出一束白丝将猎物牢牢地缠起来。

蜘蛛网很细，最细的直径只有一微米的2%—3%，但比同样粗细的钢丝还要结实，蜘蛛就靠蛛网捕捉昆虫果腹。同时，蜘蛛网也是一种语言，比任何动物的语言都精致、复杂。蜘蛛网就像一份文稿，和别的蜘蛛，和被捕获的小虫，在某种程度上可以说跟附近的任何生物交流。

游猎性蜘蛛的捕食本领也很强，它们目光敏锐，动作迅速。当发现猎物后，就静静地爬到猎物旁边，趁其不备，骤然跃起，以迅雷不及掩耳之势将小昆虫抓住，将螯肢内的毒腺分泌的毒液注入昆虫体内将其杀死，由中肠分泌的消化酶灌注在被螯肢撕碎的捕获物的组织中，很快将其分解为汁液，然后吸进消化道内，一点儿不漏地吃个干净。

在南美洲东部生活着六星猎鱼蜘蛛，这种蜘蛛以猎鱼为生，是极为优秀的渔夫。它先是用足轻轻拍击水面，小鱼看到蜘蛛足以为是昆虫在水面挣扎，便会游过来，这时六星猎鱼蜘蛛会迅速将牙插入鱼背，注射毒液，当小鱼完全瘫痪的时候，六星蜘蛛从容不迫地将小鱼拖出水面，并向小鱼体内注射消化液，将鱼肉分解为肉汤，再慢慢吸食。

蜘蛛的御敌方法很多，如排出毒液、隐匿、拟态、保护色、振动等等。当它逃不掉，而自己的附肢又被敌害夹住时，就切断自己的附肢一走了之，自断的步足在蜕皮时还会再生。蜘蛛的适应能力很强，有的能耐46℃的高温，也能耐零下二三十度的低温，这也是蜘蛛成为广布性种类的原因之一。

蜘蛛有着惊人的弹跳力，可以跳十几厘米高。因为蜘蛛的大腿内充满奇特的液体，相当于一个液压装置，可根据情况自行调节液压的强弱。一旦遇到紧急情况，蜘蛛大腿内就会充满液体而使腿由软变硬，爆发出力量一跃而起。仿生学家们模仿这种奇妙的"液压腿"，研制出一种步行机，行走弹跳均灵活敏捷。将这种"液压腿"用于机械手或机器人的"关节"中，更妙不可言。医学上受到这种"液压腿"的启迪，正在根据蜘蛛腿中液压自动调节的原理，设计用来调节人体血压高或低的仿生装置。

● 知识点拨

蜘蛛丝与防弹衣

仿生学家发现蜘蛛丝的延伸力很好。目前，世界上流行的防弹衣使用的凯夫拉纤维，其延伸力超过4%时就会断裂，而蜘蛛丝延伸到14%还安然无恙，超过15%才会断裂。蜘蛛丝这种极强的弹力，对于来自子弹的外力冲击能起到很好的缓冲作用，因此，它是一种最理想的防弹服装的材料。

提着灯笼的萤火虫

满天的繁星在天空闪耀着，黑暗中，一群亮晶晶的小虫在舞动，它们一个个从草丛中飞起来，尾部忽明忽暗的点点白光，好似天上的繁星，又像一个个灯笼在那里移动——这就是萤火虫。

萤火虫喜欢生活在潮湿，多水，杂草丛生的地方，特别是溪水，河流两岸。我国曾有一句古语叫"腐草生萤"，反映的就是这种习性。大多数的萤火虫都会有发光的本领。在萤火虫的尾巴上有一种能发光的物质叫"光质"，当光质遇到氧气时便会发光，但光度非常微弱，只有在夜晚才能看的清楚。生物学家认为，闪光的萤火虫是在与同伴"交流"。因为萤火虫没有专门的发声器官，也没有"耳朵"，所以它们不能用声音来进行交流。但是它们的视觉很好，可以依靠视觉的灵敏度来交流，因此采用这种交流方式。萤火虫的身上有两盏灯，有长在头上的"红灯"，表示安全的意思；有长在腹部末端的"绿灯"，它则表示有危险，向同伴发出警报的意思。萤火虫还通过发光作为一种招引异性的信号。

萤火虫的猎食本领也很独特，它主要靠猎取钉螺蛳和蜗牛来生活，当萤火虫捕食猎物时，总是先给它打麻醉剂，使其失去知觉，而且不管蜗牛有多大，总是由一只萤火虫来完成。萤火虫的头顶有一对颚，弯拢来就成为一把钩子，很尖利，萤火虫用这个武器在蜗牛或钉螺蛳的肉体上反复轻轻地敲着，这种敲打就是向猎物注射一种毒液，使它麻痹，失去知觉，然后开始吃猎物，吃之前，还要再敲它几下，这是注射另外一种液体，使蜗牛的肉变成流质，然后用管状的嘴喝下。

在众多的发光动物中，萤火虫是其中的一类，约有 1 500 种，它们发出的冷光的颜色有黄绿色、橙色，光的亮度也各不相同。萤火虫发出的冷光不仅具有很高的发光效率，而且发出的冷光一般都很柔和，很适合人类的眼睛，光的强度也比较高。因此，生物光是一种人类理想的光。科学家研究发现，萤火虫的发光器位于腹部，这个发光器由发光层、透明层和反射层三部分组成。发光层拥有几千个发光细胞，它们都含有荧光素和荧光酶两种物质，在荧光酶的作用下，荧光素在细胞内水分的参与下，与氧化合便发出荧光。萤火虫的发光，实质上是把化学能转变成光能的过程。

● 知识点拨

人们根据对萤火虫的研究，发明了日光灯，使人类的照明光源发生了很大变化。近年来，科学家先是从萤火虫的发光器中分离出了纯荧光素，后来又分离出了荧光酶，接着，又用化学方法人工合成了荧光素。由荧光素、荧光酶、ATP（三磷酸腺苷）和水混合而成的生物光源，可在充满爆炸性瓦斯的矿井中当闪光灯。由于这种光没有电源，不会产生磁场，因而可以在生物光源的照明下，做清除磁性水雷等工作。现在，人们已能用掺和某些化学物质的方法得到类似生物光的冷光，作为安全照明用。

大地的清道夫——蜣螂

有一种神秘的昆虫，它体态魁梧，全身披着发亮的胄甲。早在大约六千年前就被古埃及人发现，并认为这威武的甲虫怎能造出比自己身体还大，而且十分精巧的粪球来？这种黑色昆虫就是蜣螂。

蜣螂具有坚硬的鞘翅，还有特殊的瓣状触角。但蜣螂不像蜜蜂——给予人们香甜的蜂蜜与花粉；也不像蝴蝶尽展绚丽的舞姿与轻盈的体态，它只会以污物和垃圾为食，以粪便为穴，因此它还有一个"雅名"——"屎壳郎"。它们是卑微的，低下的，肮脏的，被许多人所讨厌，其实它很值得赞美，因为它们是大地的清道夫！

蜣螂是有趣的"环保者"。它们嗅觉灵敏，能在3公里内闻出粪便的臭气，然后循臭前去，用脚扒松粪土，搓成圆球。在做粪球时，它们先用头部将粪便堆积在一起，然后用前足拍打成球形。这时，"夫妻"双方通力合作，一个在前拉，一个在后推，使粪球朝前滚，粪球在运动中沾上粪便和树叶，使粪球越滚越大，滚到预定的地点，雌蜣螂用头和足在粪球上挖个孔，把卵产在里面，然后，把球推到事先挖好的洞里，用土埋起来。孵出的幼虫就以粪球为食物，一直到在土中化成蛹。这就是蜣螂滚粪球的原因所在，不但可以让自己繁衍生息，而且还能防止环境污染。因此蜣螂多的地方，地上脏物不过夜，故有"大地清道夫"之称。

别看蜣螂这么不起眼，作用可大了，没有它的地方，真是灾难重重。比如，一直以畜牧业闻名世界的澳大利亚，饲养着几千万头牛，众多的牛每天要排出几亿吨粪便，覆盖着40多万公顷的草场，同时牛粪还滋生蝇蛆，草场也大面积地退化，造成严重的环境污染。这件事让澳大利亚人伤透了脑筋。后来，他们从中国引进蜣螂，让它们帮助"打扫卫生"，才使草场恢复了生机，畜牧业得以继续发展。难道澳大利亚没有蜣螂吗？有，但它们那里的蜣螂不吃牛粪，只吃袋鼠粪。由此看来，不同地方的蜣螂，习性也不同。

蜣螂还会自己挖掘储藏室，雨季一开始，蜣螂每天就开始劳动。在此期间，它对食物十分节省，终日忙着为生儿育女做准备。蜣螂用头顶上大铲子似的唇基刨松土壤，然后用前足把身体下面疏松的土推到身体后面去，再下一步就是想尽办法把土推到地面上去。挖掘一个贮藏室通常要用2—3个小时，而且只有雌蜣螂自己劳动，它争分夺秒地挖着，因为放在地面上的食物在太阳的照射下很快会变质。挖掘一个能够贮藏全家所需食品的贮存室，需要搬运的土方量相当于蜣螂自身体重的400倍。

在傍晚前后的微明中，我们经常可以看到成对的蜣螂在田间忙碌地工作，"嗡嗡"地四处飞，那么这将预示着第二天是个大晴天；如果看到单个的蜣螂没头没脑乱窜，那么第二天可就要乌云密布了。由此看出，蜣螂还是个敏锐的天气预报员。

仿生学家根据蜣螂从地下钻出来的时候身上都是不粘泥土的特殊性，发明了生物脱附仿生技术，这种技术获得了国家的专利，很快就得到了工业、建筑等领域的认可。我们常见的翻斗车在运输完泥土后，翻斗上经常残留着泥土，很难去除掉；耕地用的犁，在耕地的过程中也经常粘上厚厚的泥土，运用了仿生脱附技术后，这些问题就轻而易举地得到了解决。

大自然的歌手——蝉

蝉俗称"知了"，是一种较大的吸食植物的昆虫，人们对蝉最感兴趣的莫过于它的鸣声，而且一直为文人墨客们所歌颂，并以咏蝉声来抒发情怀。的确，从百花齐放的春天，到绿叶凋零的秋天，蝉一直不知疲倦地用轻快而舒畅的调子，不用任何中、西乐器伴奏，为人们高唱一曲又一曲轻快的蝉歌，为大自然增添了浓厚的情意，难怪乎人们称它为"大自然的歌手"。

有演唱本领的都是雄蝉，它们用肚子唱歌，而不是用嘴巴。它的发音器在腹基部，像蒙上了一层鼓膜的大鼓，鼓膜受到振动而发出声音，由于鸣肌每秒能伸缩约1万次，盖板和鼓膜之间是空的，能起共鸣的作用，所以其鸣声特别响亮，并且能轮流利用各种不用的声调激昂高歌。雄蝉每天唱个不停，是为了博得雌蝉的青睐。蝉的鸣叫还能预报天气，如果蝉很早就在树端高声歌唱起来，这就告诉人们"今天天气很热"。雌蝉的肚皮上没有音盖和瓣膜，所以不会发声。

蝉的自卫本领也很特别，如果你攻击它时，往往会有一股似污水的液体从树叶丛中洒下来，那是蝉的尿。它一天到晚地吮吸树的汁液，当遇到攻击时，便急促地把贮存在体内的废液排到体外，用来减轻体重以便起飞，起到防御的作用。蝉排泄与其他昆虫不一样，它的粪液都贮存在直肠囊里，紧急时随时都能把屎尿排出体内。人们陶醉于蝉的鸣声，而却忘记了它的本性，你可知道，每当蝉落在树枝上引吭高歌，一面用它尖细的口器刺入树皮吮吸树汁时，各种口渴的蚂蚁、苍蝇、甲虫等便闻声而至，都来吸吮树汁，蝉又飞到另一棵树上，再另开一口"泉眼"，继续为它们提供饮料，这样如果一棵树上被蝉插上十几个洞，树枝将枯萎死亡，可见蝉是破坏树木的大害虫。

蝉的家族中的高音歌手是一种被称作"双鼓手"的蝉，它的身体两侧有大大的环形发声器官，身体的中部是可以内外开合的圆盘。圆盘开合的速度很快，抖动的蝉鸣就是由此发出的。这种声音缺少变化，不过要比丛林金丝雀的叫声大得多。

蝉还有准确地判断时间的本领，在地下土壤恰到好处的完成从幼虫到成虫的过渡生长，并适时离开地下爬出地面，这是个不可思议的奇迹。尤其是"17年蝉"，这种蝉都是不多不少，精确地度过17年地下生活才见天日。因此昆虫学家们总是像天文学家等待日食和哈雷彗星一样等待着"17年蝉"的出现。幼蝉在暗无天日的地下，既看不见日出日落，也没有寒冬酷暑，它们是如何计量时间的？这是科学界的一大未解之谜。

探路高手——蚂蚁

　　蚂蚁是地球上最常见的、数量最多的昆虫。它们的种类繁多，世界上已知有9 000多种，中国已确定的有600多种，它们的踪迹几乎遍布全球。蚂蚁凭着灵敏的视觉具有识路的本领，因此有探路高手的称号。

　　蚂蚁能生活在任何有它们生存条件的地方，是世界上抗击自然灾害最强的生物。蚂蚁有不怕火，甚至可以灭火的本领。科学家曾做过这样的实验：将点燃的蜡烛放在蚁穴顶上，开始它们似乎有点惊慌，但很快就镇定下来，只见无数蚂蚁前仆后继扑向火焰，用分泌出的蚁酸来灭火，经过66秒，一些蚂蚁牺牲了，但终于扑灭火焰。当再次重复这个实验时，它们只用了40秒钟就将火扑灭，而且无一伤亡。

　　蚂蚁是动物界的小动物，可是它有很大的力气。如果你称一下蚂蚁的体重和它所搬运物体的重量，你就会感到十分惊讶！它所举起的重量，竟超过它的体重差不多有100倍。世界上从来没有一个人能够举起超过他本身体重3倍的重量，从这个意义上说，蚂蚁的力气比人的力气大得多了。

　　南美洲的切叶蚁还会种蘑菇，它们从树上咬下新鲜的树叶，拖回蚁巢内的种植室，把树叶咬碎后堆成堆，当作培养基，然后在上面培植一种特殊的小蘑菇菌，就像人在室内人工培育蘑菇一样。长成的小蘑菇就成了切叶蚁的主要食品。

　　蚂蚁还是灵巧的"建筑师"。蚁巢是蚂蚁群居的"家"，一般分为地面和地下两部分。建造地面部分时，蚂蚁先搬运来潮湿的黏土，接着用嘴搓成一个个小泥团，然后像泥瓦匠砌墙那样，把小泥团一块块地垒上去，还不停地用嘴和脚压紧泥团。砌好围墙后，蚂蚁还会找来树叶搭成圆形屋顶，远远看去，还真像一幢绿顶的小别墅呢。

　　蚂蚁的认路本领很强。它们完美的生理机制使得它们能经受住种种考验。为了能在变换不断的环境中出发并回到蚁巢，沙漠箭蚁懂得利用太阳发出的偏振光回巢。而亚马逊蚂蚁通过记住视觉参照物来制定航向，而且这一记，就是一辈子，它们存储众多记忆后，再根据所到之处调出相关信息。蚂蚁体内有一套腺体，它们会用不同的化学物质传达20多种意思。腹部的刮器则是对化学语言的一种补充，刮器是发声器官，能摩擦发出振动信号，当一对蚂蚁排着整齐的队伍在大街上耀武扬威的时候，从石头里传来一阵振动信号，原来是某蚁被压在石头下面了，霎时，群蚁齐推，某蚁获救。这种信号也可用来向对方讨要食物。

蚂蚁是灾害预测"专家"。在南美洲亚马逊河地区生活着一种能像"气象学家"那样准确预报水灾的蚂蚁。这种蚂蚁在洪水到来之前的几个星期就开始进行水灾预测活动，它们有的爬到树上，有的走到河边，四处收集气象情报，然后由担任气象工作的蚂蚁负责召开洪水"诊断会议"。它们彼此用触须互相接触，就像在传递情报，交换意见。经过研究认为有水灾迹象，便决定立刻搬家迁移，于是，一条长达几百米的蚁队就出发了。

蚂蚁还能有系统地培养小蚂蚁在蚁巢范围内活动的各种本领。令人惊奇的是，一旦蚂蚁生了病，就会得到"医生"的照顾，"医生"还每天对生病的蚂蚁检查身体，必要时送"医院"治疗，有的甚至给受伤的肢体动手术。蚂蚁的活动与人的社会活动多么相像呀！

● 知识点拨

蚂蚁与机器人

当一只蚂蚁发现食物源后，它就把这一食物的影像存储在它的大脑里面，并利用大脑里的影像与眼前真实的景象相匹配的方法，循原路返回，召唤自己的同伴。科学家们认为，模仿蚂蚁的技能，可使机器人在陌生的环境中具有高超的探路能力。

勤劳的耕耘者——蜜蜂

蜜蜂是一种会飞行的群居昆虫，提起它，人们首先想到的是它们的勤奋和高超的采蜜本领。其实，蜜蜂还有很多技能和本领让人惊叹。

蜜蜂因"建造"精美的六边形蜂巢而享有"建筑大师"的美誉。有人抽检过10只以上蜂巢，发现不论外形如何千奇百怪，其明快、适度、简洁、合理、整齐、舒适的巢内几乎完全一致，几近鬼斧神工。更令人惊叹的是，这一切虽然是全体工蜂共同所为，却没有一张共同依照的图纸，也没有互相间的参观、指导，而且总是一次成功。

美国国防部认为普通蜜蜂比贵重的探雷仪器或是训练有素的探雷狗更加敏锐而有效。据悉，美军正在进行用蜜蜂查找和定位含有炸药的专项研究，经过训练的蜜蜂会在可疑的地域上空盘旋，通过嗅觉器官觉察到10千米以内的炸药气味以及微量化学成分。为了确定雷区范围，研究人员发明了一种可固定在工蜂背上的迷你天线，以便跟踪它们，实现空中大面积探雷。而且，蜜蜂仅用2天时间就能掌握探测地雷和爆炸物技能。德国则一直在试验蜜蜂采集环境污染数据。

蜜蜂的舞蹈在自然界里别具一格，特别是侦察蜂，它们擅长跳"8字舞"和"圆舞"。当侦察蜂在距离蜂窝60米以内找到可以采蜜的地方时，它就会在蜂窝前跳"圆舞"，这种"圆舞"是侦察蜂对大伙说："大家快去采蜜吧。"而"8字舞"重复的次数和方向的变化，都包含着哪儿有花蜜和花蜜的好坏程度的信息。

蜜蜂预测天气本领最强，对于天气的各种变化，它能迅速作出相应的反应。例如，早晨见到有大量蜜蜂争先恐后飞出蜂箱采集，这就表明今天是晴天；假如傍晚蜜蜂回箱晚，表示明天天气继续晴朗；早晨如果蜜蜂不出箱、少出箱，或迟迟不离蜂箱，预示将有阴雨天气。在白天，如果发现蜜蜂回巢突然异常踊跃，很多蜜蜂急急忙忙进巢，而且很少出巢或不出巢，有时发现有少数几个蜜蜂在巢门口探头探脑，凝视张望，这预示天气将会突变。如果在连续阴雨后，蜜蜂纷纷出巢在细雨中采蜜，这预示着阴雨将结束，天气要转晴。故有"蜜蜂出巢天气晴""蜜蜂不出工，大雨要降临""蜜蜂带雨采蜜天将晴"等说法。

蜜蜂识路的本领很强，它主要靠"偏光导航"和"香气走廊"。偏光就是人眼看不见的紫外线。许多昆虫能借助太阳导航，它们能感受由不同角度射来的光线，见到阳光即知方向。蜜蜂的本领更大，阴天也能靠阳光的导航。因为阴天也有部分紫外线能透过云层，射向地面，太阳所在处透出的紫外线比别处多5%。蜜蜂利用这一点偏光，就能感知太阳，准确地飞回巢去。蜜蜂腹部有一种嗅腺，蜜蜂飞行时腹部收缩，嗅腺分泌出来的香气便留在飞过的地方，后面的蜜蜂沿着香气去采蜜。很多蜜蜂来来往往在蜜源和蜜房之间形成一条"香气走廊"，沿着这条"香气走廊"，蜜蜂采运花粉归家就不会迷路。

勤劳的蜜蜂具有身手不凡的管理才能，从大自然中采集的花蜜含水量高达40%—60%，蜜蜂总能设法将水分降至20%以下，气温高时这似乎并不难，天冷的时候，它们就得在蜂巢里集体行动，用身体为蜂巢加温。一群蜂在一个工作季节里能酿蜜150—250千克，这就表明有180—350升水要在其"加工"过程中被蒸发掉。

酿好的蜂蜜会被送到蜂房用蜡封存，以备来日之需。人类食物防腐的方法一般是高温蒸煮和容器密封，蜜蜂则是给蜂蜜本身赋予了一种能分解微生物的物质，使其防腐功能更为有效。蜂蜜作为辛勤劳动的结晶来之不易，为了保卫这一劳动果实，蜜蜂从不懈怠，一有风吹草动，它们就发出报警信息，群起而攻之。

● 知识点拨

蜜蜂与偏光天文罗盘

蜜蜂一共有五只眼睛，它的头两边有两只大的复眼，而头甲上有三只小的单眼。蜜蜂通过复眼感受太阳的偏振光，由此来定向，而单眼是用来感受太阳光的强度的，它们根据太阳光的强度来决定早晨飞出去和晚上归来的时间。科学家模仿蜜蜂偏振光定向本领，研制出偏光天文罗盘，并把它应用于飞机、舰船。

神刀手——螳螂

螳螂，也叫刀螂，是著名的"神刀手"，它们常隐藏在草丛中，两把"大刀"举在胸前，一看见小虫，便把大刀一挥，可怜的小虫还没看清凶手的模样就进了螳螂的肚子。螳螂神速的捕食本领让人惊叹。

螳螂有一对复眼，每只复眼由几千个小眼组成。科学家认为，螳螂的眼睛是一种高超的测速仪，当小飞虫急速运动时，它在螳螂复眼中的成像急速移动，从一个小眼到达另一个小眼。有的小眼先看到飞虫，有的小眼后看到飞虫，小眼把接收的图像信号不断送往大脑，大脑收到小眼送来的信号有先有后。螳螂看到的小飞虫运动不是连续的，而是一个个单镜头组成的"电影胶片"。因此，螳螂不但能看清小飞虫，还能感受到小虫飞行的快慢。

螳螂还有个奇特的本领，那就是它不用挪动身体就能转动头部看到身后，头部移动非常灵活，这在昆虫中也是少有的，这是因为螳螂的脖子由许多根纤维组成。当螳螂的眼睛跟踪飞虫时，头也随着转动，头部向右转动时，右侧的纤维被压弯，左侧的纤维被拉直。纤维的底部与神经细胞相连，它们的运动可以刺激神经细胞，使神经细胞产生电信号，把电信号发向大脑，由此能知道头旋转的角度。螳螂的大脑根据眼睛和脖子的共同"报告"，能测出小虫的飞行速度和角度。螳螂在捕捉飞虫时，总是瞄准小虫的正前方，在不到5%秒的时间里就能把小飞虫抓到手！

螳螂还很会伪装自己，它的身体的颜色会随周围草木叶子的颜色而变化，停留于花丛时，身体呈粉红色；隐蔽于绿叶时，体色呈绿色，翅上还有叶脉似的条纹；在静息时极像枯叶，使得猎物和捕食者很难发现。

螳螂还有一些防身术，如有的在胸部下面有超音接收器，用来躲避蝙蝠的袭击；有的在前足内侧有艳斑，当捕食者逼近时，艳斑一闪，吓得对方拔腿逃窜；有的被捕捉后，它宁愿牺牲一条或多条足以保全性命，不过用于捕食的前足则少不得，一旦失去很快就会被饿死。

螳螂眼睛的瞄准原理对科学家的启示很大，经过多次试验，人们发明了一种复眼速度仪，用来测量空中飞行物的速度。复眼速度仪中也有许多"小眼"，它们是一个个光接收器，这些光接收器像小眼那样，平行排列在一起。这些光接收器与计算机相连，当飞行物出现时，它们像小眼那样，有的先看到飞行物，有的后看到飞行物，由于它们看到目标的时间、位置、角度都不同，产生的电信号也各自不同，于是计算机收到了不同的信号，根据这种信号的差别，计算机能迅速测算出飞行物的速度。

翩然起舞的蝴蝶

蝴蝶以其优美的体形，斑斓的色彩，轻盈的舞姿在昆虫界显得格外引人注目。它们个体虽小，翅薄力单，却能飞渡重洋，到千里之外的大海彼岸去。蝴蝶有强大的飞翔能力，这与它们发达的翅膀分不开的。一般蝴蝶翅膀面积都要大于它身体的十几倍，稍稍扑动就能产生很大浮力。超薄的一层翅膜上布满许多纵向的"翅脉"，就如牢固的骨架。前后两对蝶翅分别长在它的中胸和后胸上，这里胸壁坚厚，肌肉强健，富有弹性，因此能有力地鼓动双翅做长途旅行。

蝴蝶翅膀再发达，想要一连几十个小时不停地越洋过海仍是困难的。除了中途在大洋中寻找岛屿歇息外，恐怕还要靠它们的滑翔本领。有的蝴蝶从高空飘然下降时，能张开双翅一动不动地滑翔而行。飞越大洋的蝴蝶大约也是巧妙地利用高空气流的动向，滑翔前进，颇有点顺风行帆的意思。

有的蝴蝶还有一种本领叫"拟态"，著名的有枯叶蝶。为了躲避天敌，枯叶蝶练就了超乎寻常的本领，那就是伪装和静止。枯叶蝶停息时，两翅紧紧竖立，将身子深深地隐藏着，展示出翅膀的腹面。腹面呈古铜色，秋天酷似枯叶。一条纵贯前后翅中部的黑色条纹和细纹，很像树叶的中脉和支脉，翅膀上的斑点极像霉斑，就如树叶被病菌感染后长出的病斑，静止在树枝上，很难分辨出是蝶还是叶来。它的这种模拟枯叶的本领，迷惑了很多敌人，使它能够在与自然界的抗争中继续生存下来，当敌人走开时，它又飞舞于林中，绽放着生命的美丽。

蝴蝶幼虫肉肥多汁，又没有克敌制胜的锐利武器，当它们裸动在植物枝叶间，便轻而易举地被天敌捕食。为了避害求生，在长期的演化过程中它们形成了种种自卫御敌的本领。如凤蝶的幼虫在其前胸背面长有一枚叉形的臭角，当其受惊时便会翻出臭角，并挥发臭液，恶臭难闻，从而令敌害厌而弃之。更有甚者，如宽尾凤蝶的5龄大幼虫在受惊翻出臭角的同时，还使三胸节鼓凸呈特大的三角形，配合其身上的三大黑斑，形成毒蛇样的威吓姿态，借以自卫。而红角大粉蝶的5龄幼虫在受惊时，能抬起虫体前五节，配合其腹面特具有的斑纹，酷似攻击前的眼镜蛇的姿态，来恐吓外敌。

蝴蝶的翅膀上长着各种鳞片，使每只蝴蝶呈现出不同的色彩和花纹。这种鳞片能调节蝴蝶体温，能随着气温的升降而自动张开和闭合，而且这些鳞片含有油性脂肪，具有防水的作用，因此有时在雨天也能看到翩翩起舞的蝴蝶。

●知识点拨

蝴蝶和卫星控温系统

遨游太空的人造卫星，当受到阳光强烈辐射时，卫星温度会高达2 000℃，而在阴影区域，卫星温度会下降至−200℃左右，这很容易损坏卫星上的精密仪器仪表，它一度曾使航天科学家伤透了脑筋。后来，人们从蝴蝶身上受到启迪。原来，蝴蝶身体表面生长着一层细小的鳞片，这些鳞片有调节体温的作用。每当气温上升、阳光直射时，蝴蝶身体表面的鳞片会自动张开，以减少阳光的辐射角度，从而减少对阳光热能的吸收；当外界气温下降时，蝴蝶鳞片会自动闭合，紧贴体表，让阳光直射鳞片，从而把体温控制在正常范围内。科学家经过研究，为人造地球卫星设计了一种犹如蝴蝶鳞片般的控温系统。

导航专家——苍蝇

苍蝇是地球上比较常见的昆虫，几乎无处不在，是声名狼藉的"逐臭之夫"，但在科学家的眼中却浑身是宝，它为人类的仿生学做出巨大贡献。

苍蝇虽小，但它的飞行本领却是非同凡响，能连续不断地在空中飞行好几个小时，同时还可以做垂直上升、下降，定悬空中、急速掉转等飞行高难度动作，如果发现情况，能在瞬间迅速起飞。美国一位生物学家说："苍蝇是所有飞虫中，飞行最稳定，机动性能最佳的。在昆虫世界，苍蝇就是喷气式战斗机。"

苍蝇的导航本领很高明，它有一对楫翅，是天然导航仪。苍蝇飞行时，楫翅以每秒330次的频率不停地振动，使苍蝇保持航向，一旦苍蝇的身体倾斜，俯仰可偏离航向，楫翅振动平面的变化便被它基部的感受器所感觉，并向脑子报告，经过分析后，脑就命令有关的肌肉把偏离的航向纠正过来。根据苍蝇楫翅的导航原理，科学家们仿制成功了一种振动陀螺仪。它的主要部件像只音叉，是通过一个中柱固定在基座上的，装在音叉四周的电磁铁，使音叉产生固定振幅和频率的振动，当飞机、舰船与火箭偏离正确航向时，音叉基座和中柱就发生旋转，中柱上的弹性杆就会将这一振动转变成一定的电信号，传给转向舵，于是航向便被纠正过来了。

苍蝇不仅能耳听八方，而且眼观六路。它有两只眼睛，但这两只眼睛由无数小眼睛组成，使它们能看到最细小的东西。它们不仅能看到物体的色彩，还能分辨出形状。人们根据苍蝇复眼的构造，仿制了"蝇眼"照相机，其镜头由1 329块小透镜黏合而成，每厘米的分辨率达400条线，这种照相机被用来复制计算机的显微电路。另外，人们还仿制了测量运动物体速度的光学测速仪。苍蝇的眼睛能看见紫外线，但人和其他热敏元件却看不见紫外线，所以，人们又仿制了"紫外眼"，这种"紫外眼"在国防上有重要作用。因为没有眼皮，苍蝇不停地用爪子擦眼睛以保持清洁。

苍蝇大脑反应十分敏锐，可以计算出苍蝇拍的潜在逼近位置，能立刻做出"逃生计划"，然后随即做出起飞前动作调整，最终逃离"危险地带"。科学家表示，苍蝇发现威胁后的反应时间仅为100毫秒。

苍蝇有传播细菌而自己却不得病的本领。每只苍蝇身体表面通常携带的细菌多达1 700万个至5亿个，体内携带的病菌更多，目前已知苍蝇身上携带的病菌共有60多种。但它自己却不得病，这是因为苍蝇的身体环境，不适合细菌的繁殖，而且它的进食方式与众不同，它采用的是"体内消化"的方法。它吃食时，先把唾液吐在食物上，待食物溶解并转化成营养物后，再伸出吸管饱吸一顿。同时，苍蝇几分钟就要大便一次。当食物进入消化道后，苍蝇可以立即进行快速处理，在7—11秒内，可将营养物质全部吸收完毕，与此同时，又能将废物连同病菌迅速排出体外。就是说病菌进入苍蝇体内刚要繁殖时，却被苍蝇迅速排出体外，而且它的身体里具有抗菌活性蛋白，任何病菌都不能在苍蝇身上存活七天。

苍蝇嗅觉特别灵敏，其实苍蝇并没有"鼻子"，它主要靠什么来充当嗅觉的呢？原来，苍蝇的"鼻子"——嗅觉感受器分布在头部的一对触角上。每个"鼻子"只有一个"鼻孔"与外界相通，内含上百个嗅觉神经细胞。若有气味进入"鼻孔"，这些神经立即把气味刺激转变成神经电脉冲，送往大脑。大脑根据不同气味物质所产生的神经电脉冲的不同，就可区别出不同气味的物质。因此，苍蝇的触角像是一台灵敏的气体分析仪。

●知识点拨

仿生学家根据苍蝇嗅觉器的结构和功能，仿制成功一种十分奇特的小型气体分析仪。这种仪器的"探头"不是金属，而是活的苍蝇。就是把非常纤细的微电极插到苍蝇的嗅觉神经上，将引导出来的神经电信号经电子线路放大后，送给分析器；分析器一经发现气味物质的信号，便能发出警报。这种仪器已经被安装在宇宙飞船的座舱里，用来检测舱内气体的成分。这种小型气体分析仪，也可测量潜水艇和矿井里的有害气体，利用这种原理，还可用来改进计算机的输入装置和有关气体色层分析仪的结构原理。

令人望而生厌的苍蝇，极具研究价值，这对启发人们去发展现代科学技术有重要意义。

奇异的蟑螂

提起蟑螂，人们都知道它是令人厌恶的害虫之一。它们身体扁平，体色为黑褐色，不善飞，能疾走，是这个星球上最古老的昆虫之一，曾与恐龙生活在同一时代。亿万年来它们的外貌并没什么大的变化，但生命力和适应力却越来越顽强，一直繁衍到今天，广泛分布在世界各个角落。

蟑螂具有顽强的生存能力，昆虫学家发现有12种蟑螂可以靠糨糊活一个礼拜，美国蟑螂只喝水可以活一个月，如果没有食物也没有水仍然可以活3个星期。蟑螂在食物短缺或者空间过分拥挤的情况下，会发生同类相残的行为。蟑螂善于爬行，会游泳，危机时也可飞行。蟑螂的扁平身体使其善于在细小的缝隙中生活，几乎有水和食物的地方都可生存。如果条件不好，较长时间内不吃不喝也不会死亡。

蟑螂没有头，也依然可以存活一个星期，它们没有像人类一样庞大的血管网络，也不需要很高的血压，才能保证血液能到达毛细血管。它们拥有一套开放式的，不需要太高血压的循环系统，当你砍掉它们的头，它们脖子的伤口会因为血小板的作用而很快凝固，不至于血流不止。而且，蟑螂呼吸通过气门——它们每段身体上都有一些小孔，加上它们不需要通过大脑来控制呼吸功能，血液也不用运输氧，只需要通过气门管道就可以直接通过导管呼吸空气。

蟑螂还有迅速逃生的本领，这是因为它们拥有左右两个相当敏锐的垂体，上面长满许多细小的茸毛，这些茸毛对物体靠近时所引起的空气流动具有极高的敏感性，能在瞬间产生"逃命"的反应。经过精确测定，蟑螂"反应"的时间为11毫秒，比人眨眼的动作快10倍，当遇到危险时，它往往能在瞬间溜进安全的缝隙中。

蟑螂具有学习能力。日本研究人员发现，蟑螂其实是一种很聪明的小东西，它们不仅有记忆力，接受训练后，还能对"中性刺激"做出分泌唾液的反应。在实验中，科学家让一组置身一种气味中的蟑螂吃糖液。后来，他们发现只要把它们放在这种气味中，这些蟑螂就会流口水。另一组蟑螂被训练在没有气味的环境里吃糖液。反复多次后，研究人员让蟑螂交换了环境，它们却没有分泌唾液。

蟑螂喜暗怕光，昼伏夜出，这也是蟑螂的重要习性。白天它们都隐藏在阴暗避光的场所，如室内的家具、墙壁的缝隙、洞穴中和角落、杂物堆中。一到夜晚，特别在灯闭人睡之后才出外活动，或觅食，或寻求配偶。因而，在一天24小时中，约有75%的时间都是处于休息状态。

蟑螂还喜欢群居。常可发现在一个栖息点上，总是少则几个，多则几十、几百个聚集在一起，这主要是由于信息素的诱集作用。蟑螂的成虫和若虫都能分泌一种"聚集信息素"，它由直肠垫所分泌，可随粪便排出体外。在蟑螂栖居的地方，常可见它们粪便形成的棕褐色粪迹斑点，粪迹越多，蟑螂聚集也越多。

近年来，俄罗斯生物学家们最新发现，蟑螂是生态链和食物链上的重要一环，是环境的清道夫和垃圾的分解者，在森林中，它们会吃枯草残叶，清理大自然，然后排出有机物质，滋养大地，维持生态平衡。

跳高冠军——跳蚤

跳蚤是小型的没有翅膀的善于跳跃的寄生性昆虫。它们有两条强壮的后腿，可以跳过它们身长350倍的距离，相当于一个人跳过一个足球场，因此有"跳高冠军"的称号。

跳蚤跳跃本领得力于它的后足，后足的长度比整个身子还长，而且特别发达。跳跃前，肌肉发达的胫节紧靠腿节，然后用力收缩强大的胫节提肌，缩得越紧，伸展开来的力量越强，跳得越高。它的前足和中足也可后蹲，来协调整个身子的跳跃运动，这样，它就更增强了跳跃的力量。

跳蚤令人羡慕的弹跳能力引起科学家很大兴趣，科学家想将微型电子处理器植入跳蚤的神经，控制弹跳的速度、方向和时机，把制成的微型聚变弹，装入跳蚤体内，使其成为威力巨大的"自杀性敢死队员"。跳蚤"敢死队员"可以用飞机撒布在敌后重要军事目标，或让间谍用容器带入。这种跳蚤"敢死队"任务就是以炸毁电子线路，使整个计算机系统瘫痪，数量众多集合成团，其威力足以摧毁整个军事设施。针对跳蚤的跳跃本领，航空专家对此进行了大量研究，英国一飞机制造公司从其垂直起跳的方式受到启发，成功制造出了一种几乎能垂直起落的鹞式飞机。

跳蚤的头部较小，除了一对眼睛和触角外，还"装备"了一套锐利的皮肤"凿孔器"，用来在宿主身上"穿孔"吸血。跳蚤的腹部后端背面，生有一只奇怪的器官，称为"感觉板"。板上有几个开口，从开口伸出了刚毛。不久前科学家才搞清楚，它是感觉温度、气流、化学物质和光线照射等的器官。如果它被破坏，跳蚤就无法附着在宿主身上生活了。

跳蚤的体形略呈椭圆，没有颈部，两侧光滑，这种形状很适于它寄生在兽毛的根部、禽类的羽毛或人贴身的内衣。它的脚上有很细的爪，当它要走过宿主皮肤的光滑处时，这些爪子可抓牢不致掉下去。它们还是个"大力士"，能搬动比自己体重大80倍的物体。

跳蚤的成虫通常生活在哺乳类身上，少数在鸟类。身上有许多倒长着的硬毛，可帮助它们在宿主动物的毛内行动。跳蚤通常跳上宿主后就不再离开，两天后就可开始排卵，雌虫把卵产在有灰尘的角落、墙壁及地板的小洞里，也可产在动物身上，随着动物的活动而落地或迁移。卵白色，大约四五天就孵化出白色无足的幼虫，幼虫以灰尘中的有机物质和跳蚤的粪便做食料。两星期后幼虫吐丝和灰尘黏结成茧并在其中化蛹，再过两星期跳蚤就从茧里出来了。如果跳蚤碰到动物，马上就吸血，所以消灭跳蚤时要把墙壁和地上的孔洞用石灰或泥填平。

　　寄生在人身上的跳蚤可活518天，老鼠身上的可活345天。俄罗斯有的跳蚤活1 487天，是跳蚤中寿命最长的一种。

　　跳蚤还具有一种神奇的本领，那就是无论它跳得多高，撞到什么障碍物，都不会得"脑震荡"或"内脏破裂"。这是因为跳蚤的"骨骼"异乎寻常，它的骨架是由柔软无色的几丁质组成的，外面包有一层褐色的膜。它的外廓呈弓形，身体特别扁，用手指很难把它掐死。而且跳蚤没有血管，或者说它的整个身体就像一根血管。跳蚤的体内充满了血液，这是一种含有氨基酸、蛋白质、脂肪和无机盐的营养液，它的体内器官就浸在这种营养液中。因而，有人就把跳蚤说成"一个跳动的水滴"。再就是跳蚤的心脏从头部一直延伸到腹部，心脏以一定的节奏搏动着，把血液送往全身。血液不仅为内脏提供了养分，而且对震动和撞击起着缓冲作用。即使跳蚤的骨架撞到了什么东西，它的内脏也不会因此而损伤。跳蚤的全身分布着许多气管，因而身体各处都能够得到足够的氧气。除此之外，跳蚤心脏的搏动节奏，几乎与身体跳跃的频率无关。所以，它即使连续跳几十次，心跳也不会加快。

庄稼的劲敌——蝗虫

　　蝗虫又名蚱蜢、蚂蚱。体背灰褐色，腹部和脚是绿色，体色差异很大，会与栖息环境相似，形成保护色。它们头大，触角短，前胸背板坚硬，脚发达，尤其后腿的肌肉强劲有力，外骨骼坚硬，使它成为跳跃专家，胫骨还有尖锐的锯刺，是有效的防卫武器。它们栖息在各种场所，在热带森林低洼地、半干旱区和草原最多。

　　蝗虫的求食本领大得令人吃惊，它们不仅吃农作物，而且在找不到农作物时也会吃羊身上的毛、稻草屋顶，甚至农具的木质手柄，如果连这些东西也吃不到了，它们便很快作出内部分化，专吃弱小同类，极其贪婪残忍。

　　蝗虫生命力很强，它们能在60℃高温的石板上安安稳稳地待上整整一天，也能在被厚雪埋上几天后再度振翅远飞。它们的躯壳还特别坚硬，即使飞行时碰上了以时速每小时100公里行驶的汽车的挡风玻璃，也安然无恙。

蝗虫的食量很大，每顿可吃掉相当于自己体重的食物。它们的消化速度可随意调节：饱餐后30分钟内即可全部消化，而在食物匮乏之时，又可故意地"细水长流"，消化过程可延长达4天之久。

蝗虫的飞行本领很强，美国科学家曾发现，一群蝗虫竟在海拔2 400米的高空和一架飞机一起飞行，至于它们为何能飞得如此之高，至今仍难以作出合理解释。此外，尽管在人们心目中，小小蝗虫不可能如同强壮的候鸟越洋远飞，但科学家也曾测到：一群非洲蝗虫曾从非洲西海岸飞到了加勒比海，5天之内竟然飞越了5 600公里。在地中海西西里岛附近的海域，意大利科学家也发现了漂浮在海面上的数不清的蝗虫尸体。据此科学家们认为，在某些特定的情况下（如食物严重匮乏或被其他动物追杀），它们也有可能会像鸟类那样飞越大海，到生活环境较为理想的异域求生。

蝗虫头部的一对触角是嗅觉和触觉合一的器官。它的咀嚼式口器有一对带齿的发达大颚，能咬断植物的茎叶。它后足强大，跳跃时主要依靠后足。蝗虫飞翔时，后翅起主要作用，静止时前翅覆盖在后翅上起保护作用。蝗虫飞过时，群蝗振翅的声音响得惊人，就像海洋中的暴风呼啸。

科研人员从成群密集的蝗虫空中飞，但却无碰撞受伤的现象中受到启发。目前英国一所大学的研究人员正在研究它们的防撞系统，并计划借此研制一种安装在车上的防止汽车相撞的电子扫描器。科研人员说，蝗虫脑中有一个很大的神经细胞，在遇到障碍物会做出反应，科技人员将从蝗虫的反应中了解它们脑电波的数据资料。据介绍，他们已同汽车制造商联系，希望将这种电子扫描器装在车上防止汽车碰撞。

蚜虫的天敌——瓢虫

瓢虫为鞘翅目瓢虫科圆形突起的甲虫的通称，是体色鲜艳的小型昆虫，常有红、黑或黄色斑点。它们的头很小，一部分常常隐藏在前胸背板下面，生有一对较大的复眼和一对像小棍一样的触角。现在人们常用瓢虫来防治危害农作物的蚜虫。

瓢虫会捕食任何肉质嫩软的昆虫，它们最喜欢吃的是蚜虫，捕捉蚜虫的战术相当高明，能对不同的蚜虫采用不同的战术。当瓢虫捕捉棉蚜时，以轻盈的动作向上爬行，因为棉蚜喜欢沿着棉花秆向下爬，为瓢虫迎面送来美餐。当瓢虫吃掉面前的蚜虫后，其他蚜虫以为拥挤就连忙挤过来补上这个位置，这样瓢虫就可以坐享其成、从容不迫地就餐了。据统计，一只瓢虫一天可以吃掉150—200只蚜虫，相当于自身体重的30—35倍。

雌瓢虫会产下大量的卵，它通常把卵分布在蚜虫时常出没的地方，以确保自己的儿女出生后能获取最大的生存机率。新出生的幼虫就会把身边的蚜虫作为它们可口的小吃。瓢虫的幼虫身体非常柔软，成节状分布，但却长着坚硬的鬃毛，可以起到保护作用。它们的下颚强壮有力，形状就像一把钳子，能够轻易地洞穿蚜虫的身体。它们的样子虽然不美观，但捕食蚜虫的本领一点儿也不差，一只幼虫一天里能吃掉30—80多只蚜虫，它们为农业灭虫立下了汗马功劳。

瓢虫的自卫能力很强，虽然身体只有黄豆那么大，但很多强敌都对它奈何不得。原来它的三对细脚的关节上装备有一种"化学武器"，当遇到敌人侵袭的时候，三对细脚的关节上就会分泌出一种难闻的黄色液体，使敌人不好受而仓皇逃走。

瓢虫还有一套"伪装"的本领，当它遇到强敌感到危险的时候，就赶快从树上落到地面，把它那三对细脚收缩在肚子底下，"装死躺下"瞒过敌人。尽管这样，瓢虫也有它无法对付的敌人，那就是蜘蛛，蜘蛛会用蛛丝把它团团缠绕起来后吃掉。

伪装大师——竹节虫

竹节虫种类很多，全世界约有2 200余种，主要分布在热带和亚热带地区。我国仅有20余种，主要分布在湖北、云南、贵州等省。它们体色各异，但多为绿色或褐色，有翅或无翅。体长而大，为中型或大型昆虫，前胸节短，中胸节和后胸节长，因身体修长，形状似竹节而得名。

竹节虫一般体长3—30厘米，最大可达51厘米，为现生昆虫中体长最大的种类。行动迟缓，白天静伏在树枝上，晚上出来活动，取叶充饥，多不善飞翔。

竹节虫算得上著名的伪装大师，有高超隐身术。当它趴在植物上时，能以自身的体形与植物形状相吻合，装扮成被模仿的植物，或枝或叶，惟妙惟肖，如不仔细端详，很难发现它的存在。同时，它还能根据光线、湿度、温度的差异改变体色，让自身完全融入到周围的环境中，使鸟类、蜘蛛等天敌难以发现它的存在而安然无恙。竹节虫奇特的隐身生存行为比其他善拟态的昆虫技高一筹。有些竹节虫受惊后落在地上，装死不动，然后伺机偷偷溜之大吉。在印尼的森林里，生活着一种巨型竹节虫，体长达33厘米。世界上最长昆虫的桂冠非竹节虫莫属。

竹节虫在夜间活动，白天，它们只是静静地待着。由于它们看上去非常像小树枝，所以一般不会被敌人发现。只有在爬动时才会被发现，当它受到侵犯飞起时，突然会用闪动的彩光迷惑敌人。但这种彩光只是一闪而过，当竹节虫着地收起翅膀时，它就突然消失了。这被称为"闪色法"，是许多昆虫逃跑时使用的一种方法。

竹节虫除了会利用模拟颜色、形状保护自己以外，还会用警告色。它们平时前翅覆盖住后翅，一旦遇到危险，就张开前翅，露出红黑相间的后翅，警告对方："别碰我，我可不好惹！"而一些敌人看到这种图案，马上就会联想到一种有毒的蘑菇，吃了以后会引起剧烈的呕吐，甚至死亡，有了这种警告色，谁还有胆量再次尝试？

竹节虫另外一种令人惊叹的本领就是，断肢再造。在竹节虫的若虫阶段经常会因为逃避敌害而缺胳膊断腿，但是每次断肢后不久，伤口处就会长出一个弯曲的肢芽，等到下一次蜕皮以后，新的附肢就会长出来，只是一般会稍短于正常的附肢。不过一旦长大为成虫，断肢再造就不可能了。

竹节虫的一生要经历卵、若虫和成虫三个时期，卵通常为椭圆形或球形，卵壳极为坚硬，有些种类的卵壳上还有美丽的条纹。在卵壳上方有一个卵盖，如同一扇门，当卵孵化时，若虫就会顶开卵盖爬出来。若虫要经过4—5次蜕皮才成为成虫。

大自然的歌唱家——蟋蟀

蟋蟀俗称促织、蛐蛐儿，是直翅目昆虫的一科。身体呈黑色或褐色，头部有长触角，后腿粗大善跳跃，后腿极具爆发力，因鸣叫悦耳而有"大自然的歌唱家"的美誉。

蟋蟀喜欢穴居，常栖息于地表、砖石下、土穴中、草丛间。杂食性，吃各种作物、树苗、菜果等。它们生性孤僻，一般的情况都是独立生活。

蟋蟀善于歌唱，在所有的昆虫歌手中，蟋蟀的歌声清脆响亮，有一种反复的颤音，时时在人们的耳边回荡。蟋蟀是怎样唱出这么悦耳的歌曲呢？原来，动听的歌声并不是出自它的好嗓子，而是它的翅膀。蟋蟀发音器细致而复杂，左翅上有一个像刀一样的硬棘，右翅上长着一个像锉样的短刺，振翅时两者不停地摩擦，就发出了声音。蟋蟀举起两翅时，同身躯能保持45°—60°角，并且还能任意调整角度。因此，它能发出好几种频率的音调来，而每种音调又各有一个基音和几个泛音。这种得天独厚的机制，使得蟋蟀发出的声音清脆婉转，悦耳动听。每到繁殖期，雄性蟋蟀会更加卖力地振动翅膀，用动听的歌声，寻找佳偶。

除了善于歌唱，蟋蟀还十分好斗，斗架是雄蟋蟀之间的较量。当两只雄虫相遇时，先是竖翅鸣叫一番，以壮声威，用触角辨别对方，露出两颗大牙、蹬腿鼓翼，战在一起，其激烈程度，绝不亚于古代两国交战时最惨烈的肉搏。它们之间常可进退滚打3—5个回合，然后败者无声地逃逸，胜者则高竖双翅，傲然地大声长鸣，显得十分得意。

蟋蟀是中国东北地区、华北地区、长江下游和华南地区的重要农业害虫，它们破坏各种作物的根、茎、叶、果实和种子，对幼苗的损害特别严重。在南方，花生大蟋破坏花生幼苗达10%—30%，它们也危害玉米、黄麻、烟草、棉花、大豆和木薯，往往造成缺苗，影响收成。

身藏毒针的蝎子

蝎子是蛛形纲动物，外形好似琵琶，身体表面都是高度几丁质的硬皮，分节明显。它的头胸部有用于瞭望的单眼、复眼和六对活动自如的附肢。第一对钳状附肢为螯肢，能帮助取食。第二对称脚须，由四节组成，末端一节粗大，又称钳肢，是强有力的捕食工具。其余四对是用来行走的步足，供行走和抱物之用。最后一节的末尾是螯针，用来自卫或杀死猎物的有力武器。

蝎子的捕食本领很高。它们一般喜欢守在洞口，等待猎物自己送上门来。有些蝎子也会四处游走，用双螯在沙滩、石块中寻找猎物。它们双钳上的触须能准确感觉到猎物行动所引起的空气流动，从而使蝎子能在十几厘米之外不用借助视觉就能感觉到猎物的存在，使它们的捕食无往不胜。

蝎子取食时，用触肢将猎物夹住，后腹部举起，弯向身体前方，用毒针蜇刺，毒腺外面的肌肉收缩，毒液即流出，从而杀死猎物。然后用螯肢把食物慢慢撕开，先吸食捕获物的体液，再吐出消化液，将其组织在体外消化后再吸入，进食的速度很慢。

蝎子喜欢昼伏夜出，怕湿、怕强光刺激。喜群居，好静，并且有识窝和认群的习性。比较耐寒和耐热，在有水分和风化土的情况下，能存活8—9个月。饥饿的蝎子一次可以吃掉与其体重差不多的食物。它们的嗅觉十分灵敏，对各种强烈的震动和声音也十分敏感，常潜伏在碎石、土穴、缝隙之间，一般在黄昏出来活动。为肉食性动物，主要捕食蜘蛛、蚊类、蝇类等多种昆虫。

蝎子广泛分布于世界除寒带以外的大部分地区，蝎子广泛的分布环境就决定了其品种繁多，全世界约有600多种，我国有10余种之多。有分布于西藏和四川西部的藏蝎；分布于台湾的斑蝎；分布于豫、陕、鄂三省交界地区的十腿蝎以及广泛分布于河南、山东、福建等地的东亚钳蝎。

蝎子是传统的药用动物，也是我国商品药材的主要来源。中医以完整的干燥体入药，称为"全蝎"或"全虫"。蝎子中含有蝎毒素，具有很高的药用价值，是目前需求量较大的贵重药材。蝎子还是高级宴席中招待贵宾的名贵佳菜，此外，蝎子还可做成食疗珍品。

庄稼卫士——青蛙

青蛙是两栖类动物，它们身体短小，后腿有力，没有尾巴，后脚趾间有蹼，既能用来跳跃，又能游泳，因善于捕食害虫而获得"庄稼卫士"的称号。

青蛙是捉害虫能手，青蛙捉害虫全靠又长又宽的舌头，它的舌尖分叉，上面有许多黏液，只要小飞虫从身边飞过，就猛地往上一跳，张开大嘴，快速地伸出长长的舌头，一下子把害虫吃掉，每只青蛙每天要吃掉60多只害虫，是保护农田的功臣，我们都要爱护它。青蛙的眼睛十分奇特，对运动的物体几乎能"明察秋毫"，然而对静止不动的东西，它却"视而不见"，因此青蛙从不吃死去的虫子。

青蛙是一位出色的"歌唱家"，它的嘴边有个鼓鼓囊囊的东西，能发出声音。每当大雨过后，青蛙叫得最欢，有几十只甚至上百只青蛙"呱呱——呱呱"地叫个没完，那悦耳的蛙鸣，其实就如同是大自然永远弹奏不完的美妙音乐，在为农业丰收唱赞歌呢！

青蛙还是优秀的运动健将，它的眼睛鼓鼓的，头部呈三角形，加上爬行动作那么迟钝，你会觉得它很笨拙，可是，当你走近时，它就猛地一跳，跳到飘着浮萍的池塘里，这一跳，足足有它体长的20倍距离，然后以最标准的蛙泳姿势向对岸游去。

生活在水草丛生池塘里的青蛙还是伪装高手，它们的体色是草绿色的，在无绿草的水沟里，体色是灰棕色的。青蛙的体色与环境色彩比较一致，这样可以起到很好的保护作用，以便更好地在水里和陆地上生活。

青蛙是用肺呼吸，也可通过湿润的皮肤从空气中吸取氧气。它们一般栖息在稻田、池塘、水沟或河流沿岸的草丛中，有时也潜伏在水里。一般在夜晚捕食。

春天，青蛙在水草上产卵，卵慢慢地变成蝌蚪。蝌蚪是黑色的，圆圆的身体，有一条长尾巴，蝌蚪一天天长大，先长出后腿，再长出前腿，尾巴渐渐地缩短退化，最后变成青蛙。

随着天气的慢慢转暖，冬眠的青蛙就开始苏醒。众所周知，青蛙在捕食害虫、保护农田和维持生态平衡方面，起着不可估量的作用，因此我们应该大力提倡保护青蛙。

● 知识点拨

青蛙与电子蛙眼

研究人员发现，蛙眼里有四对视神经纤维，它们同时从各个角度辨认青蛙看到的东西，然后再把这些综合特征传到大脑，这样，青蛙就看见了这个东西。根据这些研究结果，人们设计了蛙眼的电子模型，它可以识别飞行中的飞机和导弹，也可以用来预防飞机相撞。随着科技的发展，人们在"电子蛙眼"的基础上，又研制成功一种人造卫星反差跟踪系统，让"电子蛙眼"也能跟踪天上的卫星。

虽丑犹荣的蟾蜍

蟾蜍别名癞蛤蟆，皮肤粗糙，身体表面有许多疙瘩，内有毒腺，能分泌黏液。主要分布在除了澳大利亚、马达加斯加、波利尼西亚和两极以外的世界各地区。蟾蜍实际上是蛙类的一种，所以从科学的角度看，所有的蟾蜍都是蛙，但不是所有的蛙都是蟾蜍。一般来说，皮肤比较光滑、身体比较苗条而善于跳跃的称为蛙，而皮肤比较粗糙、身体比较臃肿而不善跳跃的称为蟾蜍。

蟾蜍身体比较胖，四肢粗短，善于在地面爬行活动，它虽然没有青蛙动作敏捷，但捕虫本领却不亚于青蛙。青蛙一年只能捕食千余只害虫，而蟾蜍一天就能捕食几百只害虫，是农业除虫的好助手。蟾蜍的捕食行为也十分有趣，在发现地面上的昆虫时，立即静止不动，两眼专注地盯着猎物，只要猎物一动便突然伸出舌头将食物卷入口中。

蟾蜍平时栖息在小河池塘的岸边草丛内或石块间，白天藏匿在洞穴中不活动，清晨或夜间爬出来捕食。它捕食的对象是蜗牛、蚂蚁、蝗虫和蟋蟀等。蟾蜍喜欢在早晨和黄昏或暴雨过后，出现在道旁或草地上，如被人们用脚碰一下，它会立即装死躺着一动不动。它的皮肤较厚具有防止体内水分过度蒸发和散失的作用，所以能长久居住在陆地上面不到水里去。每当冬季到来，它便潜入烂泥内，用发达的后肢掘土，在洞穴内冬眠。

蟾蜍还有一种特殊的防身本领，也是青蛙所望尘莫及的。当它受到袭击时，它后额的耳后腺和身上的痱磊能立即分泌出一种乳白色毒液毒死敌人，保护自己。因此视蛙类为佳肴的蛇类，不敢轻易吞食蟾蜍。而这种乳白色的浆液为蟾酥，蟾酥是中药"六神丸"配方中的主要成分，治疗疮、痈、疖的效果良好。干蟾皮、蟾衣、蟾头、蟾舌、蟾肝、蟾胆等均为药材，因此蟾蜍还具有极高的经济价值。

每年11月份前后，蟾蜍进入冬眠期，不吃不喝，行动缓慢，原本在旱地上活动，此时要下水过冬了。蟾蜍到第二年春天的惊蛰时节，破土而出，又去捕捉害虫，保护庄稼。蟾蜍喜欢潮湿，所以在阴暗潮湿的地点，或者草丛、田野里能看到它们矫健活跃的身躯。蟾蜍喜食活的小动物，而对静止的东西视而不见，一概不吃。

我国常见的蟾蜍有中华大蟾蜍、黑眶蟾蜍和花背蟾蜍等种类，其中，中华大蟾蜍分布最广，也最常见，为国产蟾蜍中体形最大者。

会变色的避役

避役即为变色龙，是一种"善变"的树栖爬行类动物，主要分布于非洲，特别是马达加斯加岛，少数分布于亚洲和欧洲南部。它们长有善于攀缘树干的脚趾和尾巴，是自然界中当之无愧的"变色高手"。

避役是动物世界中能通过改变自己的肤色来适应环境的"伪装大师"，它的皮肤会随着背景、温度的变化和心情而改变，在热带的丛林之中很难被发现。由于这种"随机应变"的本领，使它获得了"变色龙"的美誉。雄性避役会将暗黑的保护色变成明亮的颜色，以警告其他变色龙离开自己的领地；有些避役还会将平静时的绿色变成红色来威胁敌人。当它们遇到紧急情况，嘴里发出蛇一般"嗞嗞"声音的同时，肺部会急剧扩张膨胀，使它们的身体在短时间内变成了"庞然大物"摆出一副赫然的样子，极具威胁性，因而也能吓退敌手。

避役能够具有如此高超的伪装术，是因为在它的表皮薄而透明，并且在颗粒状表皮下的真皮中，有着许多特殊的色素细胞和黄色细胞。在外界光线、温度等环境变化和不同情绪的影响下，这些细胞在避役神经和内分泌的调节下可以伸长或缩小来改变颜色使身体色彩与环境协调。这种机能除了有保护、警戒等意义外，还有吸收辐射热以提高体温的功能，使它们能够得以很好地保护自己，生存下来。

避役的眼睛十分奇特，眼帘很厚，呈环形，两只眼球突出，左右180度，上下左右转动自如，左右眼可以各自单独活动，不协调一致，这比方说它左眼向上和向前张望的同时，右眼则可以向下向后看，互不干扰，这种现象在动物中是罕见的。避役这种独到的眼睛功力使它们能够在身体纹丝不动的前提下眼观六路，尽收八方蛛丝马迹和风吹草动，从而大大提高了它们捕食昆虫的成功率。细心观察的人不难发现，避役在悄无声息地接近昆虫猎物时，它们会用一只眼睛专注于猎物，而用另一只眼睛寻找攻击捕食猎物的捷径。

避役的捕食本领也很强，它用长舌捕食是闪电式的，只需几秒钟便可完成，而且它们的舌头的长度是自己身体的2倍。避役的舌头由弹性纤维组成，外形很像一根棒头，基部狭窄，末端稍稍膨大，有的种类的舌头还分叉，上面有黏性分泌物，平时，它们的舌头缩入口腔内的舌鞘中，捕食时舌部血管快速充血，舌肌收缩，使舌头快速地直射出来，黏住猎物，真可谓"百发百中"。不过，避役也会碰上一些难以对付的猎物，比如体表温润的小虫或鼻涕虫之类。避役的主要食物是昆虫，多数避役会对单一食物产生厌食，有时会拒绝进食直至死亡。

人们根据避役变色的原理，研制成各种"变色龙"材料。它可以使战场上的士兵避免受到核闪光和激光的侵害，也可以作为光学仪器上的滤光片，还能制成特殊的薄膜贴，用在飞机等装备表面，使飞机的颜色与天空的背景相一致。

美国在20世纪60—70年代研制出了一种变色龙式的隐形材料，并把它们涂在各种武器上。这种隐形材料可以随着周围的环境而变换颜色，在草地上它就变成草绿色，在沙漠地区它又变成沙子的黄褐色，和周围的环境融为一体，使照相侦察卫星对这些地面的武器难以分辨。

断尾再生的壁虎

壁虎又叫"守宫"，身体背腹扁平，长约10厘米左右，浑身被有镶嵌排列的疣粒状小鳞，枕部有较大的圆鳞。它的眼睛虽大，却没有能活动的眼睑，所以永远是睁开的，瞳孔成一条纵裂缝。指、趾有黏附能力，可在墙壁、天花板或光滑的平面上迅速爬行。

壁虎种类很多，其中最大的体长约35厘米，而最小的只有3厘米左右。它们昼伏夜出，白天，它潜伏在壁缝、瓦檐下、橱柜背后等隐蔽的地方，夜间则出来活动。夏、秋的晚上，壁虎常出现在灯光照射的墙壁上、屋檐下或电杆上，捕食蚊、蝇、飞蛾和蜘蛛等，是有益无害的动物。带斑壁虎为分布最广的北美种，体色呈浅粉红色或黄棕色，并有深色带斑和斑点。蛤蚧则为最大的壁虎，身体为灰色，夹杂红色或乳白色斑点和条纹，原产东南亚，宠物店常有出售。

壁虎具有高超的捉虫本领，每当夜幕降临，壁虎趴在墙壁上静静地一动不动，像贴着的一块水泥。落在墙上的飞虫在身旁来回爬着，它却装着没看见似的，等聚集在身边的飞虫多起来，有的竟自己送到它的嘴边时，它才用极快的动作把脖子一伸，把它们吃掉，然后又极快地缩回去。有时候壁虎的头灵活地转动着，朝四处看，它看见较大的飞虫落在墙上，就用最快的速度爬过去，在距离飞虫不远的地方忽然停下来，然后慢慢地向前爬，不仔细看，根本看不出它在移动。过了好久，壁虎才爬到飞虫跟前，猛地一蹿，把飞虫吞吃掉，接着又朝另一条飞虫爬去。

壁虎断尾求生的本领也很强，当壁虎遇到危险时，它的肌肉剧烈收缩，使尾巴断落，壁虎也就乘机逃跑了。这种现象，在动物学上叫"自切"。因为折断的一段尾巴里有许多神经，它离开身体以后，神经并没有马上失去作用，所以还会摆动，达到自卫的目的。至于有人说，壁虎的尾巴断后会钻到人的耳朵里去，这是绝对不可能的。因为断尾大多落在地上，即使仍留在墙上，虽然还会摆动，但已没有定向活动的能力，所以是不会钻到人的耳朵里去的。断尾后的壁虎身体里有一种激素，这种激素能再生尾巴，过不多久，尾巴又长出来，激素就会停止分泌。

壁虎还具有高超攀爬本领，人们发现壁虎能在垂直放置的抛光玻璃表面以每秒1米的速度快速向上攀爬，而且只靠一个脚趾就能把整个身体稳当地悬挂在墙上。这是因为壁虎具有适合攀爬的足，足趾长而平，趾上肉垫覆有小盘，脚趾上生长着数以百万计的细小绒毛——刚毛，每根刚毛约有100微米长，顶端都有上千个更细小的分叉，壁虎脚趾的黏性就是通过这些分叉与物体表面分子形成的分子间作用力来实现的。据计算，一根刚毛能够承受相当于一只蚂蚁的重量，100万根刚毛虽然排列在一起的面积还不到一枚硬币的大小，但却可以承受20千克力的重量，很惊人吧！

　　科学家成功利用碳纳米管阵列制成具有"强吸附"和"易脱附"性能的仿生壁虎脚，在碳纳米管基础上开发出的仿生壁虎脚既能在垂直表面上轻松吸附重物，也能够从不同角度轻松取下。他们研制的仿生壁虎脚对物体表面没有特殊要求，不仅对光滑如玻璃的物体表面具有强吸附力，也同样能吸附在砂纸、聚四氟乙烯膜等相对粗糙的物体表面上。据介绍，这种碳纳米管阵列在许多领域有着巨大的应用前景。

囫囵吞食的蛇

　　蛇是无足的爬虫类冷血动物的总称，是真正的陆生脊椎动物。它们身体细长，四肢退化，身体表面覆盖鳞片。大部分是陆生，也有半树栖、半水栖和水栖的。以鼠、蛙、昆虫等为食。

　　蛇一般分无毒蛇和有毒蛇。毒蛇和无毒蛇的体征区别有：毒蛇的头一般是三角形的；口内有毒牙，牙根部有毒腺，能分泌毒液；尾短，突然变细。无毒蛇头部是椭圆形；口内无毒牙；尾部是逐渐变细。虽可以这么判别，但也有例外，不可掉以轻心。蛇的种类很多，遍布全世界，热带最多。中国境内的毒蛇有五步蛇、竹叶青、眼镜蛇、蝮蛇和金环蛇等；无毒蛇有锦蛇、蟒蛇、大赤链等。

　　蛇的行走千姿百态，或直线行走或曲折前进，这是由蛇的结构所决定的。蛇全身分头、躯干及尾三部分。头与躯干之间为颈部，界限不很明显，蛇没有四肢，全身被鳞片遮盖，有保护肤体的作用。爬行时，蛇体在地面上做水平波状弯曲，使弯曲处的后边施力于粗糙的地面上，由地面的反作用力推动蛇体前进。

　　蛇主要是用口来猎食。无毒蛇一般是靠其上下颌着生的尖锐牙齿来咬住猎物，然后很快用身体把活的猎物缠死或压得比较细长再吞食。毒蛇还可靠它们的毒牙来注射烈性毒液，使猎物被咬后立即中毒而死。蛇在吞食时先将口张大，把动物的头部衔进口里，用牙齿卡住动物身体，然后凭借下颌骨做左右运动慢慢地吞下去。当其一侧下颌骨向后转动时，同侧的牙齿钩着食物，便往咽部送进一步，继之另一侧下颌骨向后转动，同侧牙齿又把食物往咽部送进一步。这样，由于下颌骨的不断交互向后转动，即使很大的食物，也能吞进去。

蛇的消化系统非常厉害，有些在吞的同时就开始消化，还会把骨头吐出来，蛇的消化还要靠在地上爬行，利用肚皮和不平整的地面来摩擦。毒蛇的毒液实际上是蛇的消化液，一些肉食性的蛇消化液的消化能力较强，溶解了被咬动物的身体，所以表现出"毒性"，人的胆汁也属这种消化液。

蛇消化食物很慢，每吃一次要经过5—6天才能消化完毕，但消化高峰多在食后22—50小时。如果吃得多，消化时间还要长些。蛇的牙齿是不能把食物咬碎的，它的消化系统如咽部，以及相应的肌肉系统都有很大的扩张和收缩能力。

蛇还是气象和地震的"预报员"。例如，每逢大雨前气压低，气温高，湿度大时，蛇也不舒服，便常出外活动。所以说，"蛇过道，大雨到"。蛇对地震的反映在各种动物中是最早的，地震部门根据包括这种极其反常的大量集体的"蛇过道"在内的许多线索指标，提前准确成功预报地震。据报道，目前仿生学家们正在研究蛇对地温升高，地声震动等方面的灵敏反应，以提高地震预报准确率。

蛇的耐饥饿本领是很惊人的，据说，有一条蟒蛇饿了2年零9个月才死去。有位生物学家对我国蛇岛上的蝮蛇进行过研究，在既不给食又不喂水的情况下，蝮蛇平均能活78天，活得最长的可达107天，即使"短命"也活了34天。如果让它们喝些水，那么，耐饥饿的本领就可提高1倍左右，最耐饥饿的甚至活了392天。

● 知识点拨

响尾蛇和热定位器

响尾蛇的尾巴上有一串角质的连锁环，当它们活动的时候，尾巴一摇，这些连锁环就会发出尖锐的咔嚓响声。响尾蛇的眼睛几乎看不见，而在它们的眼睛和鼻子之间，有一个能感觉热量的小颊窝，它们就是靠这个"秘密武器"来捕捉猎物的，科学家们叫它"热定位器"。当猎物出现的时候，它们的热定位器能迅速辨别猎物的位置，然后，响尾蛇就可以立即调整身体冲向猎物。科学家根据响尾蛇这一奇特功能，研制出现代夜视仪、空对空响尾蛇导弹以及仿生红外探测器。

动物界的寿星——乌龟

乌龟是最常见的龟鳖目动物之一，它们身体圆而扁，背部隆起，有坚硬的龟壳。四肢粗壮，趾间有蹼，头、四肢和尾部都有鳞片，它们是地球上最长寿的动物。

乌龟属半水栖、半陆栖性爬行动物，一般生活在河、湖、沼泽、水库和山涧中，有时也上岸活动。以蠕虫、螺类、虾及小鱼等为食，也吃植物的茎叶。乌龟是一种变温动物，到了冬天或者是当气温长期处在一个较低情况下，就会进入冬眠。各种乌龟的种类不同，开始冬眠的温度也不相同，不过通常都在10℃—15℃。乌龟的耐饥能力较强，即使断食数月也不易被饿死，抗病力也强。

乌龟的上下颌处没有长牙齿，但有较硬的角质鞘，可用来切开、撕裂和压碎食物。它们有灵敏的嗅觉和听觉，对地面传导的振动极为敏感。

乌龟是动物界的长寿冠军，科学家认为，这与它们性情懒惰、行动缓慢、新陈代谢低有关。它们的心脏机能很特别，从活的龟体内取出的心脏有的竟能连续跳动两天。乌龟的长寿与它们的生活习性、生理机能密切相关，但确切原因有待于进一步研究。

为了躲避敌人伤害，乌龟们常常停留在河边，当它发现天敌之后，就警觉地钻入水中躲藏起来，它只能在水中屏住呼吸很短的时间就得浮出水面呼吸。有些动物见乌龟钻入水里，也就悻悻地走了，可是有些狡猾的家伙如猎狗等知道乌龟在水中坚持不了多久，就在乌龟钻入水中之后静静地等待乌龟浮出水面。当乌龟狼狈不堪地浮出水面后，它就不慌不忙地咬住乌龟的头，于是，一些乌龟便这样没命了。

乌龟全身都是宝，龟肉、龟卵味道极其鲜美，蛋白质含量丰富，龟甲龟板为传统的名贵药材。

● 知识点拨

乌龟与小提琴

你知道小提琴是怎么发明的吗？这得从一个古老而美丽的传说讲起，它跟乌龟有关。两千多年前，在古埃及有一个叫美尔古里的音乐家。有一天，他在尼罗河边悠闲地散步，走着走着，突然踢到了一个什么东西，瞬时发出了一阵悦耳的声音。他低头一看，原来是一只乌龟。这时，美尔古里纳闷了：乌龟怎么能发出像乐器一样的声音呢？他带着好奇的心理，把乌龟拿回家，放在桌上仔细瞧瞧，后来他经过专心研究，发现了乌龟壳受震动而发音的原理，并仿照乌龟壳的外形制造了世界上第一把小提琴。当然，这时的小提琴还只是雏形。后来，在16-18世纪，意大利的一些制琴师对早期小提琴进行材料和音阶上的调整，最终做成了现代小提琴的模样。

乌龟与养生

乌龟长寿是因为它们的"腹式呼吸"，简单地说，就是趴着呼吸。这种呼吸方式不容易使废物堆积，便于血液流动，而且，还能促进内脏蠕动，加速毒素的排出，减少自体中毒，而达到减缓衰老的作用。而我们人类是直立呼吸的，血液流动容易滞缓，严重的时候，由于腹腔血流变窄，还可影响到脑的供血。也许有一天，等人们彻底破解了乌龟长寿之谜，我们人类也可以仿照乌龟的秘诀变得长寿起来！

背着房子的蜗牛

蜗牛属软体动物，身背螺旋形的贝壳，其形状形形色色，大小不一，有宝塔形、陀螺形、圆锥形、球形、烟斗形等，像一座座移动的房子。

蜗牛的种类很多，约25 000多种，遍及世界各地，仅我国便有数千种。大多数蜗牛均有毒不可食用，我国有食用价值的约11种，如褐云玛瑙蜗牛、高大环口蜗牛、海南坚蜗牛、皱疤坚蜗牛、江西巴蜗牛、马氏巴蜗牛、白玉蜗牛等。现在世界各地作为食用并人工养殖的蜗牛主要有三种：法国蜗牛、庭园蜗牛、玛瑙蜗牛。

蜗牛害怕直射的阳光，而晚上温差小，空气湿度大，光线暗，不宜损失蜗牛体内的水分，所以一般在夜晚活动、采食。它们为杂食性动物，一般以采食绿色植物的根、茎、叶、花、果实等为主，如莴笋叶、白菜叶等。此外，它们还食取一部分沙砾和泥土，这是因为土中含有腐殖质的缘故。它们是世界上牙齿最多的动物，虽然它的嘴大小和针尖差不多，但是却有25 600颗牙齿。在蜗牛的触角中间向下的地方有一个小洞，这就是它的嘴巴，里面有一条锯齿状的舌头，科学家们称之为"齿舌"。

休眠是蜗牛抵抗逆境，得以自保，从而维持生命的习性。蜗牛遇到高温、低温、缺食、短水等不利情况时，就会自动分泌黏液结成膜厴，封住壳口，直至逆境解除就会逐渐苏醒破膜而出，继续活动。蜗牛具有惊人的生存能力，对冷、热、饥饿、干旱有很强的忍耐性，休眠期可达6个月之久，也就是说蜗牛不吃不动6个月也不会死亡。实验表明，蜗牛4年不吃东西仍能存活。

蜗牛的行走方式很特别，它们的内脏器官全部藏在螺壳内，行动时从壳口伸出扁平而柔软的块状足匍匐前进。由于足底有腺体，行走时能分泌黏液，所以蜗牛爬过的地方都会留下痕迹。蜗牛的爬行速度极慢，但能沿原路返回。

蜗牛的壳很坚固，是一种由碳酸钙层和薄的蛋白质层交替组成的层状结构。碳酸钙硬而脆，但蛋白质层交替地夹在其中，能防止碳酸钙层的裂纹蔓延，从而使蜗牛壳变得又硬又韧，这给科学家们以极大启示。英国剑桥大学的科研小组研制出了一种类似蜗牛壳的层状组织，即用150微米厚的碳化硅陶瓷层和5微米厚的石墨层交替地叠加热压成复合陶瓷材料。碳化硅是一种非常硬而脆的陶瓷，但由于夹在中间的石墨层可以阻止碳化硅中的裂纹蔓延到另一层碳化硅中，因而不易碎裂，这就是仿生复合陶瓷材料。仿生复合陶瓷材料可用来制造喷气发动机和燃气涡轮机的零件，如涡轮片等，它们不仅可以提高发动机的工作温度，还可以减少喷气发动机和燃气轮机对空气的污染。

生物活化石——扬子鳄

扬子鳄生活在淡水里，主要分布在我国安徽、浙江、江西等地的局部地区。它既是古老的，又是现在生存数量非常稀少、世界上濒临灭绝的爬行动物。爬行动物曾称霸于中生代，后来因为环境变化，恐龙等许多爬行动物不能适应而灭绝了，而扬子鳄等爬行动物却一直延续到今天。在扬子鳄身上，至今还可以找到恐龙类爬行动物的许多特征，所以，人们称扬子鳄为"活化石"。

扬子鳄生活在水边的芦苇或竹林地带，以鱼、蛙、田螺和河蚌等作为食物，但有时会袭击家禽和压坏庄稼，加上它长相"丑陋"，长期以来被认为是有害动物而被捕杀，所以数量稀少。扬子鳄长约2米，背部暗褐色，腹部灰色，皮肤上覆盖着大的角质鳞片，每年10月就钻进洞穴中冬眠，到第2年四五月才出来活动。

扬子鳄喜静，白天常隐居在洞穴中，夜间外出觅食。不过它也在白天出来活动，尤其是喜欢在洞穴附近的岸边、沙滩上晒太阳。它常紧闭双眼，趴伏不动，处于半睡眠状态，给人们以行动迟钝的假象，可是，当它一旦遇到敌害或发现食物时，就会立即将粗大的尾巴用力左右甩动，迅速沉入水底逃避敌害或追逐食物。扬子鳄的食量很大，能把吸收的营养物质大量地贮存在体内，因而它就有很强的耐饥能力，可以度过漫长的冬眠期。

扬子鳄具有独特的捕食方法，它们如在陆地上遇到敌害或猎捕食物时，能纵跳抓捕，抓捕不到时，它那巨大的尾巴还可以猛烈横扫。遗憾的是扬子鳄虽长有看似尖锐锋利的牙齿，可却是槽生齿，这种牙齿不能撕咬和咀嚼食物，只能像钳子一样把食物"夹住"，然后囫囵吞咬下去。所以当扬子鳄捕到较大的陆生动物时，不能把它们咬死，而是把它们拖入水中淹死。相反，当扬子鳄捕到较大水生动物时，又把它们抛上陆地，使猎物因缺氧而死。在遇到大块食物不能吞咽的时候，扬子鳄往往用大嘴"夹"着食物在石头或树干上猛烈摔打，直到把它摔软或摔碎后再张口吞下。如还不行，它干脆把猎物丢在一旁，任其自然腐烂，等烂到可以吞食了再吞下去。扬子鳄还有一个特殊的胃，这只胃不仅胃酸多而且酸度高，因此它的消化功能特别好。

扬子鳄具有高超的挖洞打穴的本领，它的头、尾和锐利的趾爪都是挖洞打穴工具。它的洞穴常有几个洞口，有的在岸边滩地芦苇、竹林丛生之处，有的在池沼底部，地面上有出入口、通气口，而且还有适应各种水位高度的侧洞口。洞穴内曲径通幽，纵横交错，恰似一座地下迷宫。也许正是这种地下迷宫帮助它们度过寒冷的冬天，同时也帮助它们逃避了敌害而幸存下来。

扬子鳄是我国特有的鳄类，属于国家一级保护动物，也是世界上濒临灭绝的爬行动物之一。对于人们研究古代爬行动物的兴衰和研究古地质学和生物的进化，都有重要意义。为了使这种珍贵动物的种族能够延续下去，我国还在安徽、浙江等地建立了扬子鳄的自然保护区和人工养殖场。